江戸の宇宙論

池内了
Ikeuchi Satoru

a pilot of wisdom

はじめに

『司馬江漢《しばこうかん》「江戸のダ・ヴィンチ」の型破り人生』（二〇一八年）を上梓《じょうし》してから、早や四年になる。一八世紀半ばから蘭学が輸入されるようになった江戸時代において、地動説や宇宙論がどのように日本に受容されていったかを調べるうちに、絵師として名高い司馬江漢（一七四七～一八一八）に巡り合った。彼は絵師としての人生において「名利（名望と実利）」を執拗《しつよう》に追い求めた人間なのだが、それとは真逆の、名利にまったく無関係な地動説・宇宙論に好奇心から打ち込んで宣伝に努めたことを知った。その矛盾した生き方の面白さに惹《ひ》かれて、先の本をまとめたのであった。

「江戸の宇宙論」

そのとき、江漢とまったく同時代の志筑忠雄《しづきただお》（一七六〇～一八〇六）と山片蟠桃《やまがたばんとう》（一七四八～一八二一）も無限宇宙論（宇宙は有限ではなく無限の広がりを持つという考え方）に足を踏み入れていたことを知って驚いた。それまでは、志筑忠雄は翻訳書の『暦象新書《れきしょうしんしょ》』（一七九八～一八〇二年）でニュートン力学を日本に最初に紹介した人物であり、山片蟠桃は大名貸しの豪商「升屋」の番頭であったが『夢の代《ゆめのしろ》』（一八二〇年）という著作で鋭い社会批判をした人物である、というような教科書的な知識しか持っていなかったからだ。

調べてみると、志筑忠雄は長崎通詞《つうじ》（幕府により公式に認められたオランダ語の通訳）でありながら早々に引退して蘭書の翻訳・研究に没頭し、その過程で地動説や無限宇宙論を知ったこと、山片蟠桃は金貸し業で辣腕《らつわん》をふるいながら、仕事の合間に志筑が翻訳した『暦象新書』を読んで空想を巡らせ、無限の空間に無限個の恒星や惑星が存在し人間が無数に生まれているという、現代にも通用する宇宙論を構想していたことがわかってきた。絵師であった江漢を含め、彼ら三人はそれぞれ天文・宇宙とは縁のない仕事をしながら、地動説や無限宇宙論に夢中になったのである。私は、この三人の存在に江戸時代の文化の深さのようなものを感じ、先にまとめた江漢に引き続いて、後の二人の生き様を「江戸の宇宙論」としてまとめようと考えた。

しかし、作業は簡単にはいかなかった。志筑忠雄の『暦象新書』、山片蟠桃の『夢の代』を読んで彼らの天文・宇宙への入れ込み方を知ることは当然なのだが、さらに関連する人物との関わりを調べねばならない。志筑忠雄には地動説を日本に最初に紹介した本木良永《もときりようえい》（一七三五～一七九四）がいて、科学に関連する蘭書の翻訳の教師となった。山片蟠桃には上方商人が設立した学問所・懐徳堂《かいとくどう》の教師であった中井竹山《ちくざん》（一七三〇～一八〇四）や中井履軒《りけん》（一七三二～一八一七）がいて、蟠桃の著作『宰我《さいが》の償《つぐの》い』（後に『夢の代』と改題）に対して数多くの提言や示唆を与えている。このような人物との交流史にも目配りをしないと、彼らの仕事の背景となっている知の蓄積をたどることができないからだ。

さらにまた、天文・宇宙分野以外の、志筑忠雄なら『鎖国論』（一八〇一年）というケンペル（一六五一～一七一六）の著作『日本誌』の一部を訳した作品があるし、山片蟠桃なら『夢の代』に収められた「異端」や「無鬼」のような、時代に先駆けた合理的で唯物論的な発想の文章もあって、捨てがたい。というわけで、当然ながら彼らの興味の幅広さをも併せて読み込み、それを背景にして彼らの宇宙の認識について考察する必要があった。むろん、それは先人の事績を調べようとすれば必然的に直面することで、それらの学習に時間を費やさねばならない。四年の時間をかけてようやく整理ができて、本書にたどり着いたというわけである。

ところで、司馬江漢及び志筑忠雄・山片蟠桃の三人の間には直接の交流はなく、完全に別々の道を歩んできたことを言っておかねばならない。江漢は、長崎旅行をしたとき（一七八八～一七八九年）に本木良永に出会って地動説を知り、さらに大通詞の吉雄耕牛《よしおこうぎゆう》（一七二四～一八〇〇）から窮理学《きゆうり》（今日の物理学・科学のこと）の面白さを学んだが、そのときには長崎にいた志筑との接触の機会はなかった。また江漢は大坂を訪れた際には木村蒹葭堂《けんかどう》（一七三六～一八〇二）との交流を重ねており、蟠桃も蒹葭堂とは主人の用で何度も行き来しているが、江漢と蟠桃が直接顔を合わせたことはなかった。そして大坂の蟠桃と長崎の志筑が邂逅《かいこう》するには離れ過ぎていた。それでは、三人は完全に無関係であったかというと、そうでもない。

当時は、版行された著書といえどもそう多く印刷・出版されたわけではなく、さらに一七九〇年の松平定信（一七五八〜一八二九、老中在任一七八七〜一七九三年）による出版統制令以来、幕府の検閲が厳しくなって天文・宇宙に関する著作すら発行が制限された。そこで、版元は作者と交渉して原稿を預かり、読者の希望を募って写本を発行するという作戦を採用した。今日でいうプリント・オンデマンド方式である。そうした状況の下で本木良永の地動説を紹介した翻訳書は、江漢・志筑・蟠桃の三人とも写本で読んで共通認識を持っていたことは言うまでもない。さらに蟠桃は、『夢の代』の書きぶりから江漢の『輿地全図《よちぜんず》』（一七九二年）を入手していたようだし、志筑が訳した『暦象新書』を熟読玩味し、彼の宇宙論の骨格として『夢の代』で引用している。また志筑の『鎖国論』の写本を手に入れて、日本の鎖国政策について思いを巡らせている。このように三人は写本を通じて知識の交流をしつつ、自分の興味の趣《おもむ》くままに独立して「江戸の宇宙論」の花を咲かせたのであった。

以上のように、一七八〇〜一八二〇年のほんの短い間に、西洋から天文学・宇宙論を学ぶ中で、日本人はコペルニクスの地動説（一五四三年）からの二五〇年の遅れを取り戻しただけでなく、無限宇宙論の描像において一気に世界の第一線に躍り出たのである。残念なことに、この「江戸の宇宙論」はこれら三人の寄与がピークであって、それ以上に展開することはなかった。それは日本だけのことではなく世界各国とも事情は共通していて、有力な宇宙の観測手段を持たない時代において、彼らの宇宙論は空想し得る限りの極限に達していたからだ。その意味では、一瞬とはいえ日本人の宇宙論が世界の第一線にまで到達していたと言えるのではないか。自由な発想で学問を楽しむ中でこそ世界の最前線に立つことができた、このような江戸の文化の豊かさをともに味わいたい、そう思ったのが本書を執筆した動機であり、江漢に続いて、志筑忠雄と山片蟠桃の二人の地動説・無限宇宙論に関わる部分を中心に据えている。

本書の構成

まず第一章において、江戸時代の文化革命と言うべき蘭学の移入と発展の歴史をまとめておく。蘭学の移入は人々に新しい知識と、多種多様な人間がこの地球上に住んでいること、つまり広大な新しい世界の発見をもたらして、人々の文化をより多層化する大きな契機になったのだ。学問として持ち込まれた四つのカテゴリー（①語学、②医学・暦学・本草学・博物学などの自然科学分野、③国際情勢・地理学・地誌学などの人文・社会科学分野、④技術に関わる分野）は、実利的なものから始まり、時間とともに天文学や窮理学や博物学など純粋な知の分野へと拡大した。人々は学問の面白さを知り、貪欲に吸収していったのである。これらの蘭学移入の変遷について簡単に紹介しておく。本書の背景を成す蘭学隆盛の時代に生じた学問の流れを押さえておきたいためである。
そして、「江戸の宇宙論」の主人公の一人である司馬江漢の人となりについて前著を復習した上で、本書で紹介する志筑忠雄と山片蟠桃の革新性について簡潔にまとめておく。江漢は、まさに蘭学が隆盛となっていく時期をともに歩んだ人物であり、彼が引き起こしたさまざまな事件は蘭学の社会的位相を反映しているからだ。また、志筑と蟠桃が展開した宇宙論は、受け売り的な要素があった江漢の場合とは異なり、宇宙の構造に関する理解に基づく論理的な思考によって提案された科学の仮説という意味で革新性があった。それらを予告編的に提示しておく。

第二章は志筑忠雄のパートである。まずは2―1で、志筑が行った翻訳の仕事を一覧した後、杉田玄白（一七三三～一八一七）が『蘭学事始』（一八一五年）に書いた志筑に対する評価を始め、長崎の通詞に対する江戸中心主義からの偏見をまとめ、それに続いて大槻玄沢《おおつきげんたく》（一七五七～一八二七）と玄幹《げんかん》（一七八五～一八三七）親子を中心にして蘭学が幕府の学（官学）へと変遷していく過程を描写する。人物史を通じて見た蘭学受容の歴史である。ただし、筆者である私の偏見に満ちたものであることをお断りしておきたい。それに引き続いて、志筑の先達であった本木良永の人物像と事績をまとめる。本木の存在が志筑の生き方に強く影響を与えたからだ。続く2―2において、志筑が時間をかけて翻訳に取り組んだ『暦象新書』について解説する。

同書は翻訳書と言っても志筑の思いがたっぷり詰まっており、特に彼が工夫して編み出した日本語の解説に重点をおいて、地動説から無限宇宙論への展開までを一覧する。訳書だが、ほぼ志筑の見解と同一視して扱っている。志筑が発明した科学用語が現在も使われているのは、その言葉が対象や現象を正確に（科学的に）表現していて、後継者たちに引き継がれたためである。そして、カント・ラプラス説に匹敵する太陽系形成論の仮説である「混沌《こんとん》分判図説」を紹介しておく。これは翻訳ではなく彼が執筆した「科学論文」とも言うべきもので、独自性が読み取れるからだ。

第三章は山片蟠桃のパートである。まず3―1で、蟠桃が金貸し升屋の番頭として辣腕ぶりを発揮した商才のみならず、「浪華《なにわ》の今孔明」と言われたように、懐徳堂で勉学に励み、文才にも長けていた私的生活の実像を紹介する。彼は『草稿抄』と題して、詩歌・随想・論説などを集めた文集を自ら編纂《へんさん》しており、その多能・多才ぶりが窺われるであろう。彼は卓越した商人に留《とど》まらず詩人・文筆家でもあったのだ。

3―2において、さらに彼には科学者の一面もあったことを示す。蟠桃は老年になって目を患って失明したのだが、口述によって死の前年にようやく完成させるという執念の下、論集『夢の代』をまとめあげた。同書は天文・地理に関わる自然科学的テーマだけでなく、歴史・経済・制度・宗教など人間生活に関わる社会科学的なテーマなど、学問の全分野について自らの仮説・観点・論点を明示していて興味深い。ここで取り上げる天文の部では、蟠桃は地動説を受け入れるとともに、志筑が翻訳によって描出した宇宙論を基礎に、地球以外の惑星や恒星が宇宙空間に多数存在し、そこには人間が多数居住するという大宇宙論へと議論を発展させ、その想像図まで描いている。彼の科学的見地を足場にした想像力の豊かさと、それを具体的に表現する能力が並大抵ではないことを読み取っていただきたい。

終章では、「歴史の妙」と題して、この時代において歴史の偶然（必然？）に生じた結びつきをいくつか挙げてみた。蘭学受け入れの歴史的帰結として本木・江漢・志筑・蟠桃などが宇宙を論じる道を共有し、その過程で「江戸の宇宙論」が開花したこと、この時期が西洋列強に開国を迫られる直前の江戸時代最後の穏やかな時代であったこと、そして細々とはいえ後継者が登場して明治維新の「窮理熱」につながっていったこと、である。その背景には、江戸時代の人々の好奇心の豊かさがあったことを強調しておきたい。何の役にも立たないが、面白いと思ったものに夢中になって打ち込んだ人々が存在したのだ。「江戸の宇宙論」は庶民に広がることはなかったのだが、物事の理を極める「窮理」の精神は受け継がれ、先人たちが苦労して造語した科学用語が生き残ったのである。

以上が本書の主要部なのだが、さらに「補論」として志筑と蟠桃が当時の世界をどのように捉えようとしたかを付け加えることにした。目を宇宙から地上へ転じて、現実世界を見たときの彼らが立脚しようとした観点をまとめておきたかったのだ。江戸時代後期の一八〇〇年を過ぎた頃は、「鎖国」から「開国」へと時代が移り変わる前夜であり、時代の子どもである彼ら二人も、当然国際情勢に対してそれぞれ独自の見方をしていた。そのような曲がり角の時期に彼らが抱いた世界認識をたどっておくのも面白いのではないかと考えたからだ。(補論―1)では、志筑がケンペルの論文を訳した『鎖国論』を取り上げ、(補論―2)では、蟠桃が『夢の代』の「地理第二」において書いた世界情勢の見方を紹介する。彼らが見て考えた日本と世界の状況がその後どう変化したか、考察してみるのも興味深いことではないだろうか。

目次

図版制作／ＭＯＴＨＥＲ

＊志筑忠雄の『暦象新書』や山片蟠桃の『夢の代』といった著作を始め、当時の文章を多く引用していますが、それらは原則として筆者が現代語訳を行ったものです。なお、わかりやすくするために、文意を変えない範囲で、複数に分かれている文章をひとつにまとめたり、一部省略したり、解釈に基づいて表現を変更したりしています。
また、年齢は当時の慣習に従って数え年で記述しています。

第一章　蘭学の時代

蘭学の系譜

　西洋から流入した学問が、最初は「蛮学」と呼ばれ、やがて「蘭学」になり、時を経て「洋学」と呼ばれるようになったことは、学問の日本への移入の変遷を物語っていて面白い。いわゆる鎖国政策によってオランダ以外の西洋の国との交易が禁止されたのは一六三九年で、それ以前は南蛮からの学問という意味で「蛮学」と呼ばれていた。ところが、鎖国以来唯一交易が認められた西洋の国はオランダのみとなり、一八世紀の前半に八代将軍吉宗（一六八四～一七五一、将軍在任は一七一六～一七四五年）によってキリスト教関連以外の漢訳洋書輸入の解禁政策が採用されたことから、もっぱらオランダ語を通じて西洋の学問を学ぶようになり、一八世紀後半頃から「蘭学」と呼ばれるようになった。しかし一八世紀の終盤になって、ロシアからの通商申し込みなど西洋列強との接触が増えるに従い、「洋学」という言葉が次第に使われるようになった。この歴史を見ると、一八世紀半ばから一九世紀前半にかけてのほぼ一〇〇年間を「蘭学の世紀」と呼んでよいだろう。この間、野呂元丈《のろげんじょう》（一六九三～一七六一）や青木昆陽《こんよう》（一六九八～一七六九）が幕府の許可を得てオランダ語を学んだ段階から、蘭学者が増えて西洋事情など蘭学の知識が庶民に広がるまで、幾多の歴史のエピソードが積み重ねられてきたのである。

四人の功労者

このように蘭学の隆盛を招くことができた功労者として、大槻玄沢は『六物新志』（一七八六年）の「題言七則」の中で、

和蘭学之一途、草創於白石新井先生、中興於昆陽青木先生、休明於蘭化前野先生、隆盛於鷧斎《いさい》杉田先生

と、四人の先輩を挙げている。いずれも蘭学発展の節目となる四つの時期のそれぞれにおいて、重要な役割を果たした人物たちで、四つの時期を「草創・中興・休明・隆盛」と蘭学の拡《ひろ》がりに応じた呼称にしたのは面白い。この玄沢の表現をそのまま受け継いだのが、役者番付に見立てて作成された一七九六年発行の『蘭学者芝居見立番付』で、

第一　采覧異言や五事略に西洋事の始りたるハ　知れて有なり　新井に草創
第二　公命をうけて開きし大功ハ　文字略考漫録を　読んで見よかし　青木に萌興
第三　蘭籍を自由に読んで翻訳の　出来る事こそ　此翁の手際にて　前野に休明

第四　此学をおし出し唐人迄も　肝玉にこたえさせたハ　此人の気量にて　杉田に隆盛

とある。「草創・萌興（中興）・休明・隆盛」に功があった四人の業績を簡明に表現した文章は実に的確で、蘭学者仲間の矜持《きょうじ》となっていたのだろう。

　つまり、一八世紀初頭に新井白石（一六五七～一七二五）が、密航しようとしたイタリア人宣教師シドッチを訊問《じんもん》して西洋（主にイタリア）の国状・学問・生活などを知り、『采覧《さいらん》異言《いげん》』（一七一三年）や『西洋紀聞』（一七一五年）を書いたことがきっかけとなって西洋への眼《め》が開かれた。やがて八代将軍吉宗が、政治の行き詰まりを打開すべく殖産興業を掲げ、西洋の学問・技術の実用的効用を求めて蘭学を奨励した。具体的には野呂元丈や青木昆陽に蘭語を習わせて、蘭書を読解する力を身に付けさせたというふうに、幕府が率先して蘭学の学習を組織化するようになったのである。

　事実、大正十五年（一九二六年）十一月の日付が入った、大槻如電《じょでん》（一八四五～一九三一、大槻玄沢の孫）が監修した『新撰　洋学年表』の一七一六年（享保元年）の項には、「我が国に西洋学術の伝来して、今日の如き隆盛を致せしは、実に吉宗将軍の改暦の意より起こり、禁書の解禁もこれがためなり。故に、この年を以て洋学年表の発端とす」とある。日本の洋学はこの年に始まると宣言しているのだが、正確には一七二〇年に八代将軍吉宗が「長崎奉行へ、御禁書のうち、西洋説なりとも邪法教化（キリスト教を指す）の記事にあらざる書物は、これよりお構いなしと令せらる」ことが、漢訳した洋書の輸入を解禁する嚆矢《こうし》となった。

やがて漢訳された洋書のみならず、西洋から直接オランダ語の書物が持ち込まれ、高価格であったにもかかわらず好事家《こうずか》（いわゆる「蘭癖大名《らんぺきだいみょう》」たち）の手に渡って翻訳が命じられ、西洋の知識が徐々に広がるようになった。干上がった土地に雨が降って地面に染み込んでいくように、知に飢えていた人々に吸収され、やがてその知識が血肉化して自分の言葉で語られ始め、人々の間に西洋の学知が広まるようになっていったのである。

むろん、当時の長崎には既に和蘭通詞（長崎通詞のこと）が多くいて、オランダ人との通商交渉などには大きな困難はなく、吉宗以前の時代に既に蘭書が輸入されており、主に医学関係書の翻訳や編纂も行われていた（例えば、レメリン著『小宇宙鑑』本木良意《りょうい》訳〈一六八二年〉、楢林鎮山《ならばやしちんざん》編『紅夷外科宗伝』〈一七〇六年〉）。その意味では、『六物新志』が描くような、長崎の貢献を無視した江戸を中心とする蘭学発展の見方は偏っていると思うが、やはり「蘭学」という学問の総合的な受容と発展（知識の集積たる書籍を翻訳・解読し、次の世代の学究たちが学んで深化させ、学問の間口が広がっていく過程）という点では、政治の中心にある江戸が断然有利であったのも事実であろう。

青木昆陽から蘭語を学習した前野良沢《りょうたく》（一七二三〜一八〇三）は、「天性多病」と称して家に閉じこもって蘭書を読んでおり、中津藩主の奥平昌鹿から「良沢は阿蘭陀《おらんだ》人の化け物なり」と言われたくらい蘭学に没頭した。そのこともあって良沢は自身でも「蘭化」と自称して、蘭語の研究を行うだけでなく、世界地理の紹介をするなど幅広く蘭学を普及させたのである。日本で蘭書の翻訳としてベストセラーになった『解体新書』（一七七四年）には訳者として前野良沢の名前は載っていないが、むろん良沢抜きにしての翻訳作業は不可能であった。ところが、自らの蘭語能力の不十分さを自覚していた良沢は、共訳者として自分の名前を掲載することを恥ずかしく思い、連名とすることを断ったのである。一方、杉田玄白は訳文が多少不十分であっても、出版して医師たちに役立てるという実利目的を優先して訳書の出版を急いだ。実際、その意図は見事に成功して、蘭方医学が治療に活《い》かされるとともに、蘭方医学を学ぶ若い医師たちが急速に増えていった。その意味では、まさに「杉田に隆盛」の栄誉はふさわしい。しかし、前野良沢という学究肌の人間と杉田玄白という実用を重視した人間、対照的なこの二人が協力し合ったことが蘭方医学隆盛の基礎を築いたことを忘れてはならない。

蘭学の隆盛と官学化

大槻玄沢は良沢に弟子入りした後、独り立ちするや蘭書の翻訳のみならず蘭学百科に関する著作を数多く発表した。併せて多数の弟子を育て、「芝蘭堂《しらんどう》」と名付けた蘭学塾を率いて、江戸の蘭学を大きな勢力に仕立て上げた。実際、数多くの優秀な人々が参集し、玄沢が手を付けたさまざまな分野に進出していった。例えば、桂川《かつらがわ》甫周《ほしゅう》（一七五一〜一八〇九）は医師でありながら文筆も達者であり、その弟の森島中良《ちゅうりょう》（一七五四〜一八一〇）は流麗な筆遣いの狂歌や戯作で名を売り、司馬江漢は画家でありながら西洋の天文学・宇宙論の啓蒙《けいもう》に精を出し、小石元俊《げんしゅん》（一七四三〜一八〇八）は蘭語を読めなかったが京都に戻って蘭学を京・大坂に広めるのに力を注いだ。その他数多くの蘭学者が玄沢の門下から輩出し、全国へ蘭学が伝搬していくことになった。まさに、玄白が『蘭学事始』に「一滴の油は、これを広い池の水に落とすと、だんだんひろがって、やがて池全体におよぶ」と書いている通りであった（以下、『蘭学事始』の現代語訳は片桐一男訳注『蘭学事始』による）。

一方、長崎においては、西洋事情をいち早くキャッチできる有利さはあったが、通詞という公的な役職に縛られていたためなのか、あるいはオランダが身近にあり過ぎたためなのか、幅広い分野で活躍する人物を育てきれなかったことは否定しがたい。長崎通詞の典型的な人物で大きな影響力があったのが吉雄耕牛で、彼は大通詞であり蘭方医師でもあった。『解体新書』の序文を書いた人物でもある。耕牛はオランダ由来のものを集めた部屋を備えていた自宅に、長崎を訪れた前野良沢や三浦梅園《ばいえん》（一七二三〜一七八九）や司馬江漢などを迎え入れて、オランダ学とも言うべき知識を披露して訪問客を強く刺激した。もし吉雄耕牛が長崎の蘭学事情の本を書いていたなら、興味深い話が披露されただろうに、と思われて残念である。

また、後に述べるように、長崎通詞であった本木良永と志筑忠雄の二人は蘭語に対する高い実力を身に付け、地動説・宇宙論・ニュートン力学に関する蘭書を翻訳するなかで、日本語にはなかった専門用語を案出するような苦労をして、日本に窮理学（科学）を持ち込んだことで高く評価できる。江戸の蘭学者は、このような地道な学問には手を付けなかっただろうからだ。本木良永の地動説の翻訳は、後に見るように松平定信からの内命によるものらしく、その実力は幕府の要人にまで知られていたことがわかる。

蘭学が広がるとともに、先に名を挙げたような人々による啓蒙活動があって庶民を惹きつけオランダ文化が隆盛したのだが、実はその期間は一七七〇年頃から一八三〇年頃まででではないかと私は見ている。と言っても、一八三〇年頃に蘭学が廃れたわけではなく、「洋学」になってむしろ多くの若者が学ぶようになったのだが、同時に大衆の親しむ学問から天下公認の学問となって厳《いか》めしくなり、庶民から徐々に遠ざかっていったのである。

その最初は、一八一一年に大槻玄沢が「蕃書和解御用《ばんしよわげごよう》」に任じられたことではないだろうか。玄沢は幕府公認の役職として蘭語の翻訳（和解）を請け負うようになり、蘭学（やがて広く洋学）に権力の影がちらつくようになったのである。それ以来、蘭学者は幕府の顔色を見て気に入られるよう、悪い印象を持たれないよう振る舞うことが染みついていった。事実、玄沢自身が蘭学を学ぶ者の選別を行うことを具申するようになっている。その理由は、西洋列強が日本に圧力をかけるような時代背景の下、学者たちは幕府による言論の自由への圧迫を肌に感じるようになって、蘭学者も目立たぬよう出しゃばらず幕府のために尽くす、それが学問の道であると考えるようになったためである。

そのような動きが決定的になったのが一八二八年に起こったシーボルト事件（オランダの命を受けて日本に滞在していたドイツ人医師・博物学者のシーボルトが、帰国の際に日本地図を持ち出そうとして発覚した事件）で、蘭学者たちは一気に萎縮してしまい、幕府に従うのが当然となった。さらに一八三九年には「蛮社の獄」（幕府の鎖国を批判した洋学者たちが弾圧された事件）が起こって、自由な学問としての蘭学（洋学）の息の根が止められ、そのまま明治政府の「脱亜入欧」、そして「和魂洋才」路線に引き継がれて、学問の国家独占へとつながっていったのである。

以上、蘭学の変遷を私の偏見で勝手にまとめたが、ここで私が注目したのは、一八世紀の蘭学の啓蒙と隆盛が「江戸の好奇心」と結びついて、新しい文化の可能性を拓《ひら》いたのではないか、ということである。江戸時代は日本人の「縮み志向」（より微細なものの製作に実力を発揮する傾向）と「好奇心旺盛気質」が結び合って花開いた時代であったのではないかとの仮説を持ったのだ。この時代、人々は金魚や鼠《ねずみ》や鈴虫の品種を増やし、菊や牡丹《ぼたん》や朝顔の変異種を作り出し、浮世絵や漆細工や花火などに新機軸を考案し、というふうに古くからあった物を改良して新しい要素を付け加える特異な才能を発揮したからだ。ちょっとした工夫を重ねて新しいアイデアを生み出すのは日本人の得意技で、江戸時代のこの時期が代表的であったのではないかと考えている。

蘭学の四つの主題

一八世紀の蘭学には四つの主題があった。それらは、

(1) 蘭語の学習・研究などの語学分野
(2) 医学・暦学という、人々の健康と生命を預かる医療や生活の糧を得る農業に役立つ実用分野。やがて、医療のための本草学から植物学・薬学・化学・物産学・博物学へ、暦学から天文学・宇宙論、さらには窮理学へと発展していった自然科学分野
(3) 西洋事情・地理学・地図学・地誌学・文化人類学など人文・社会科学分野
(4) 機器製造・測量・軍事・製鉄・造船などの技術に関わる分野

に分類できるだろう。それらがどのように学習・研究・啓蒙されたかについて、簡単な説明を

しておこう。
（1）の蘭語の学習・研究については、まさに歴代の蘭学の功労者たちがそれぞれ一家言を持ち、著作として残している。代表的なものだけ挙げると、青木昆陽『和蘭《オランダ》文訳』（第一集・一七四九年）、前野良沢『和蘭訳筌《やくせん》』（一七八五年）、大槻玄沢『蘭学階梯《かいてい》』（一七八八年）などである。それらは蘭語のアルファベットの初歩的な解説から始まり、文章の構造や音韻や学習方法や翻訳法などへと展開しており、もっぱら蘭語を遣《つか》う立場としての入門書である。蘭語学習者がこれらを傍《そば》に置いて蘭語の本を読むと、大いに参考になっただろう。こういった解説書は蘭語の普及に大いに貢献したことと思われる。それに留まらず、志筑忠雄は『蘭学生前父』（成稿年不詳）において蘭語に使われる品詞のタイプや時制表現など、蘭語表現の文法や構造まで分析し議論している。この著作は蘭語を高いレベルで研究しており、一般に外国語を自在に使いこなすためには言語構造の研究まで進まねばならないということを示している。
（2）の天文・宇宙に関することは本書の主題だから後に回すことにして、医学から派生していった自然科学分野の広がりについて触れておきたい。薬となる草木や動物・鉱物を蒐集《しゅうしゅう》する本草学は、貝原益軒《かいばらえきけん》（一六三〇〜一七一四）の『大和本草《やまとほんぞう》』（一七〇八年）で日本固有の草木に焦点を絞るようになった。また、平賀源内（一七二八〜一七七九）が全国の珍しい産物を集めてそれまでとはスケールの異なる諸国大物産会を催したのが一七六二年であった。これはオランダから舶来したさまざまな物品を見て、日本にもこれに匹敵するような産物があるとして、従来の本草学に閉じずに地方の名物・名品まで集めようとして企画されたものである。源内は、オランダのアスベスト（石綿）を知ってこれを繊維状に加工して不燃の火浣布《かかんぷ》を発明したり、エレキテルに取り組んだり、というふうに、オランダ渡りの物品に大いなる刺激を受けた人物と言うべきであろう。

その流れは、やがて日本でも博物学として開花する。これは病気の治療に役立つ本草学から、植物・動物・鉱物・貝類・魚類・鳥類・蝶《ちょう》類・虫類などの蒐集へと手を広げた分野であり、その中には雪の結晶の詳細な観察もある。実利的な目的から離れて、自然と戯れながら、おおらかに自然の造形の妙を楽しんだのだ。明治維新の際に、国家や社会に役に立つ分野こそ重要として博物学（ナチュラル・ヒストリー）は隅に置かれたのだが、それは日本の科学を実に貧弱なものにしてしまったと思っている。これについては、また別の機会に論じたい。

杉田玄白や前野良沢らが苦労してドイツの医学書の蘭訳書「ターヘル・アナトミア」（通称）を翻訳し、『解体新書』として刊行したのは一七七四年であった。同書では、従来「腑分《ふわ》け」と言われていた人体解剖を「解体」と訳したことが象徴的である。人間の体内の臓器（腑）を切り開いて単に分けるだけでなく、体の組織・臓器を体を構成する基本単位として捉え、それらを解剖によって解体して組みなおすという意味を込めたからだ。人間機械論的な発想とともに、要素還元主義的な手法（複雑な対象を単純な要素に分けて、その理解を通して全体を理解する方法）も感じられる。これが人体を内臓などの部品の集合と見做《みな》す西洋医学の考え方の出発点ともなっており、それは現在まで継続している。和蘭医学は外科に優れていたこともあって、以前から重用されていたのだが、この翻訳でさらに多くの医師が和蘭医学を専門とするようになったのである。

むろん外科のみではなく、桂川甫周の弟子であった宇田川玄随《げんずい》（一七五五～一七九七）は内科を専門として『西説内科撰要』（一七九三年）を書いてその実力を示し、その養子である宇田川玄真《げんしん》（一七六九～一八三四）は『医範提綱』（一八〇五年）と題する江戸時代に最も読まれた解剖学の本を書き、いくつかの蘭書から医薬に関する言説を訳出して編集した『和蘭薬鏡』（一八一九年）も発表して薬学にも手を広げた。さらに、その後継ぎの宇田川榕庵《ようあん》（一七九八～一八四六）は『菩多尼訶経《ボタニカ》』（一八二二年）や『植学啓原』（一八三三年）で植物学へ、さらに『舎密開宗』（一八三七年）で化学の分野へと手を伸ばしている。このように単に学問の輸入に終わらず、専門を深めて新しい科学の分野を日本に創設していくという流れが作られたのである。

（3）の分野は幅広く、そもそも新井白石の『采覧異言』や『西洋紀聞』が、地理書であり、西洋事情の紹介であり、文化人類学の書でもあった。以後、数々の西洋紹介の書籍が刊行され、物珍しさによって人々の関心を惹きつけた。『紅毛談』（一七六五年）は後藤梨春《りしゅん》（一六九六～一七七二）がオランダの地理・風俗・道具などを談話体で解説したもので「オランダバナシ」と呼ばれて人気があった。良沢の『管蠡秘言《かんれいひげん》』（一七七七年）は「管を以て天を窺い、蠡（ほら貝）を以て海を測る」という前漢の文人である東方朔《とうほうさく》の言葉を書名に掲げている。これは「葦の髄から天井を覗く」と同意義で、狭い視野・見解であることを謙遜して述べたものだ。また、本書の主人公の一人である志筑忠雄には『万国管闚《かんき》』（一七八二年）という諸国案内の訳書もある。

さらに、くだけた口調で西洋事情を書いた本が数多く刊行された。例えば、森島中良の『紅毛雑話』（一七八七年）は図版入りであり、玄沢の『蘭説弁惑』（一七八八年）は問答体でわかりやすく、江漢の『和蘭通舶』（一八〇五年）は西洋の都市伝説や諸国噺を数多く取り入れている。これらは、世界が広く多様なこと、さまざまな人間が生き、長い歴史を経てきたことなどについて、蘊蓄《うんちく》を傾けて語っている点で共通している。人々は異世界の多様さ、そこに生きるさまざまな人間の存在を知って大きく目を開かれたのである。

また、これらが人々の空間認識を根本的に変化させたことも確かだろう。地図として自分が暮らす国土を見、世界を見て、自分が生きているところがどのような場所にあり、地球という広い世界においてどこに位置しているかを知るようになったからだ。日本で最初に刊行された世界地図は、マテオ・リッチ（利瑪竇《りまとう》）が中国で一六〇二年に出版した『坤輿《こんよ》万国全図』を元にして作成された『万国総図』（一六四五年）らしい。この地図は当時の家庭百科事典の「節用集」にも掲載されていて、人々の世界への関心を惹いたようだ。もっとも、世界地図はまだ観念的にしか捉えられておらず、正確さは二の次であった。

その後、オランダ人ブラウの世界地図（一六四八年）が幕府に献上され、より科学性を重視したフランス人ジャイヨの銅版による美しい世界図（一六九二年）も流入して多くの日本人を魅了した。蘭癖大名と言われた朽《くつ》木《き》昌綱《まさつな》（一七五〇～一八〇二）は『泰西《たいせい》輿地図説』（一七八九年）を出し、西洋地誌の概説を行っている。また桂川甫周は一七九一年にドイツ人ヒュブネルの世界図を翻訳して木版画で『地球全図』を刊行し、司馬江漢はジャイヨの世界図を銅版画で模写して『輿地全図』として一七九二年に出版した。翌年にはヒュブネルの世界図を元にした銅版画『地球図』を刊行したが、その解説書『地球全図略説』に付された大槻玄沢による序文には、甫周も同じ地図を出版する計画があったと書かれており、世界地図の出版は競争になるくらいであったことがわかる。蘭学に触れた者は誰しもが世界地図をその手で描いてみたかったのかもしれない。

江漢は、さらに東アフリカからインド・インドシナ半島・インドネシアやフィリピンの島々までを描いた『瀕海図』（一八〇五年）を銅版画作品の最後として刊行している。これは日本最初のメルカトル図法で描かれた地図とも言われていて、より正確に地球の姿を作図しようと独自の工夫を凝らすようになったことがわかる。伊《い》能《のう》忠敬《ただたか》（一七四五～一八一八）が一八〇〇年か

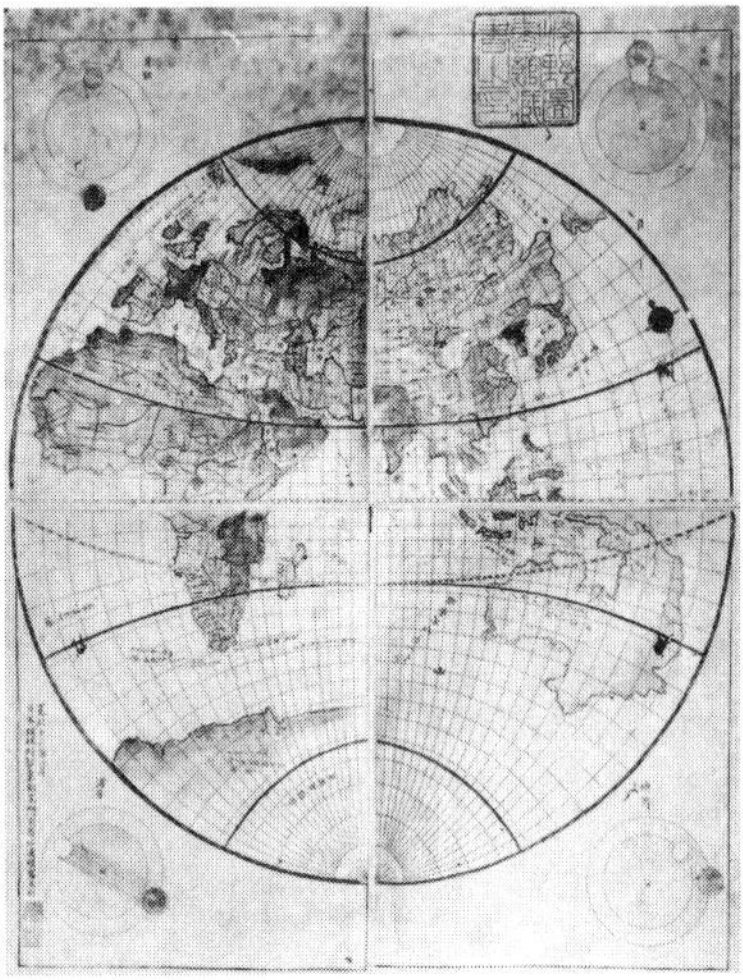

司馬江漢作『輿地全図』。ユーラシア大陸を中心にアフリカ大陸、オーストラリアなどが描かれた部分（八坂書房『司馬江漢全集』第3巻より）。

ら一七年間もかけて日本地図の作成のために綿密な測量を続けたのも、地図こそが自分たちの存在位置を客観的に認識させるものとの意識が確立したからではないだろうか。

一方、地図とは異なって、異国を描いて人々の興味を大いに惹きつけたものに漂流記がある。海外に出ることを禁じられた日本人だが、航海中に漂流して外国の地に流れ着いて助けられ、その後送還されて帰国した者も存在し、その流浪の旅の物語である。日本人の目で見た素顔の外国の描写であることから評判を呼んだのであろう。その一つが、一七九二年にロシアの使節ラクスマンに送られて一〇年ぶりに日本に戻ってきた大黒屋光太夫《だいこくやこうだゆう》（一七五一～一八二八）と磯吉を尋問した記録で、その内容を桂川甫周がまずは『漂民御覧《ごらん》之《の》記《き》』（一七九三年）としてまとめ、当時写本として数多く流布したようだ（司馬江漢がこれに難癖をつけて、蘭学者仲間から爪弾《つまはじ》きになった）。これを将軍家斉《いえなり》（一七七三〜一八四一）の命によって甫周がさらに詳しい内容として編纂し直したのが『北槎聞略《ほくさぶんりやく》』（一七九四年）で、当時のロシアに関する百科事典の趣があった。もっとも、この著作はロシアの内情を詳しく語っているので幕府直轄の機密資料となり、一般には流布しなかったらしい。権力者が何事も独占して秘密にしたがるのは時代を問わない。

もう一つの作品は、仙台藩の津太夫らの物語である。彼らも暴風雨のために、やはりロシア領に漂着して長く暮らし、ロシア皇帝と謁見した後にレザノフの日本派遣（一八〇四年）に伴って帰国し、一八〇五年に身柄を引き渡され、一二年ぶりに日本の地を踏むことができたのであった。その後、彼らの尋問に当たったのが仙台藩の侍医である大槻玄沢で、聞き取った内容を『環海異聞《かんかいいぶん》』（一八〇七年）としてまとめ、藩に献上した。このとき、ロシアから最新の世界地図が贈られ、幕府に献じられたそうである。

面白いことに、津太夫たち四人は「日本人初」の事柄を二つ経験している。一つは、ロシアを発して大西洋を南下し、南アメリカ大陸南端を経由して太平洋を越えて日本に到達したから、地球を一周した最初の日本人であったことだ。もう一つは、サンクト・ペテルブルク滞在中に熱気球の飛揚実験を目撃したことで、空中に人が持ち上げられる光景を目にした最初の日本人ともなった。このとき幕府に献じられた世界地図はアロウスミスによって描かれたもので、これを参考にして高橋景保《かげやす》（一七八五〜一八二九）が手書きで『新訂万国全図』（一八一〇年）を描

津太夫らの世界一周航路

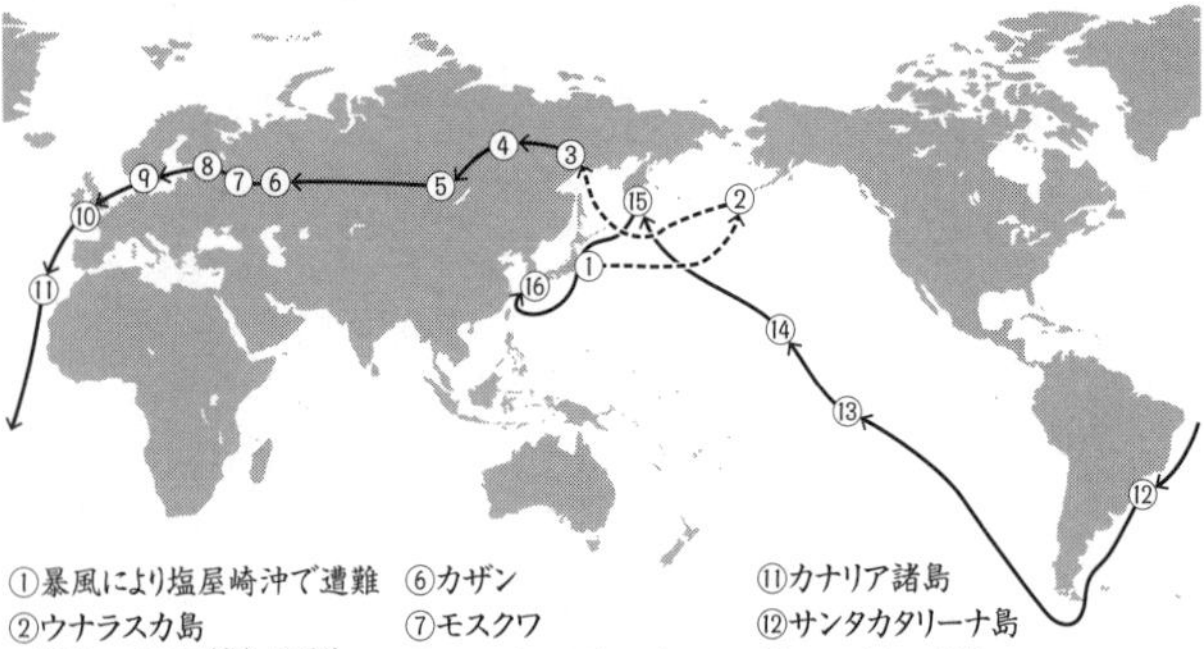

①暴風により塩屋崎沖で遭難
②ウナラスカ島（アリューシャン列島）※漂着
③オホーツク
④ヤクーツク
⑤イルクーツク
⑥カザン
⑦モスクワ
⑧サンクト・ペテルブルク（ロマノフ朝ロシア帝国の首都）
⑨コペンハーゲン
⑩ファルマス
⑪カナリア諸島
⑫サンタカタリーナ島
⑬マルサケス諸島
⑭ハワイ諸島
⑮ペトロパブロフスク
⑯長崎

き、亜《あ》欧堂《おうどう》田善《でんぜん》（一七四八～一八二二）が銅版で線刻して印刷刊行した。これが西洋人の作品の模写ではなく、日本人の手による最初の世界地図の作成ということになっている。

なお、本書の後半に登場する山片蟠桃は『夢の代』の「地理第二」において、いくつか日本人の漂流記（主に東南アジアへの漂流）を書き残していることを付け加えておきたい。興味を持って、その経緯や経験談を蒐集したのだろうが、おそらく蟠桃のみならず世間の誰もが漂流譚《たん》を楽しんだに違いない。蟠桃は外国の珍しい風習や伝統や政治の仕組みなどについて詳しく書いており、彼が世界の事情について大いなる関心を寄せていたことがわかる。人々の目は国外に向かっていたのだ。

（4）の技術的な側面での蘭学の影響は、早くも一八世紀にさまざまな機器（顕微鏡、望遠鏡、温度計、気圧計、コーヒーミル、機械式時計など）を輸入して学び、製品化するようになったことに表れている。まさに日本人の縮み志向と手先の器用さが発揮された技術開発であった。しかし、これらは手作業で、せいぜい家内工業的な技術レベルであったから、それらを楽しんだのは好事家に限られ、大々的に広がったわけではない。やがて一九世紀に入って西洋列強からの圧力が強くなるにつれ、軍事技術（海防、国防、大砲や砲弾の製造、造船などに関わる技術）の輸入が多くなっていった。明治維新後、お雇い外国人による日常技術の本格的な導入と工学教育の普及、そして日本の産業革命を経る中での幅広い技術開発が盛んになったのだが、ここでは触れない。

暦学から天文学へ

蘭学の四つの主題のうち、スキップしてきた（2）のうちの天文・宇宙に関連する蘭学に話を転じよう。科学史家の中山茂は『日本の天文学』の中で、江戸時代までの日本では、「天文学」は主として天の異変を観測・記録し、「暦学」は太陽・月・惑星などの規則的な運動を記述する分野であるとしている。前者は奈良時代以来の占星術と結びついており、地上の異変を予告すると考えられる天変を克明に観察し、その結果を占う役割で、朝廷の機密事項を扱う陰陽寮が置かれていた。後者は、太陽や月、諸惑星の動きを正確に観測し計算して、当時使われていた太陰太陽暦のためのデータを提供するのが主要な任務であった。ここで欠けていたのは、規則的な運動を律している天の構造や仕組みに関する認識（例えば地動説）であり、天体物理学としての天文学や宇宙論の課題である。「星空を愛《め》でる」という文学的発想は昔からあったが、「星空を究める」という科学的発想は極めて乏しかったこともある。

日本では八六二年以来、唐から輸入した宣明暦《せんみようれき》をおよそ八〇〇年も使ってきたため、江戸時代において暦はすっかり実際の天文現象とずれてしまい、日食も月食も予測することができなくなっていた。宣明暦の改定を幕府に働きかけたのが渋川春海《はるみ》（一六三九〜一七一五）で、彼の提案により幕府は一六八四年に貞享暦《じようきようれき》を採用した。将軍吉宗は、さらに優れた西洋の暦法を取り入れようとしたが成功せず、一七五四年に土御門《つちみかど》家が宝暦暦《ほうりやくれき》への改暦を決定したがかえって劣ったものになってしまった。それを改善するため、一七九七年に高橋至時《よしとき》（一七六四〜一八〇四）と間重富《はざましげとみ》（一七五六〜一八一六）によって寛政暦が作成された。寛政暦は太陽と月が楕円運動していると考え、その動きを考慮し、また天文定数（天文学の計算で用いられる基本的数値）が少しずつ変化していくのを、麻田剛立《あさだごうりゆう》（一七三四〜一七九九）が提案した消長法《しようちようほう》で近似する方法を採用していた。剛立の消長法は年に少しずつ変化する一年や一月の長さを調整する手法であるが、この暦は一〇年も経《た》たないうちに合わなくなり、正確な暦とはなり得なかった。そもそも剛立の手法には科学的な根拠がなく、暦に適用するのには無理があったのだ。

このように、江戸時代において何度も改暦が行われたのは、特に季節に従って農作業を円滑に進めるためには正確な暦が不可欠であったからだ。従って、暦作成のための暦学は重要な「科学」であった。当時の日本で用いられていた太陰太陽暦では、第一に太陽と月の運動を精度よく記述すること、加えて目視観測でその動きが確認できる五つの惑星（水星、金星、火星、木星、土星）の運動をもよく予測できることが求められた。その上で、農作業は太陽の動きに合わせるので、一年が三六五・二四日の太陽年を採用しなければならない。ところが、月の運動を基本とする太陰太陽暦では、新月（月の初日）から満月（一五日）を経て新月に戻るまでの約二九・五日の周期で一カ月を数えるから、一二カ月では三五四日となる。そのため、太陽の運行三六五日との差の一一日余りを閏《うるう》日としてどこかに付け足さねばならない。三年も経つとずれは一カ月分にもなるから、だいたい三年に一度は余分の閏月を加えて一年を一三カ月にする必要がある。また、一カ月はほぼ二九・五三日だから二九日の小の月と三〇日の大の月をほぼ交互に入れるが、大の月が続くこともあってややこしい。季節とずれないように閏日・閏月が入れられる暦でなければならないためである。

そうした背景から、暦（カレンダー）としては三〇日の大の月や二九日の小の月・閏月やら閏年、それに二十四節気などが加わるので、非常に複雑になり素人では手が出せなかった。暦は専門家たる天文方が観測・計算を行い、権威ある幸徳井家が日の吉凶の暦注を加えた上で交付されることになっており、人々の実生活を支配するための重要な国家事業であった。つまり、西洋の天文学を受け入れるまでの日本の天文学（暦学）とは、暦をより正確なものにするための太陽・月・惑星現象の観測と、一年・一月・一日の長さの正確な計算が中心であったのだ。その視点は地球が中心にあって、月や太陽そして五星は地球の周りを回るという天動説である。この図式は朱子学の五行説と五星との対応がよく、宇宙像としては、丸い宇宙が中心にある地面を取り囲んでいるとする蓋天説《がいてんせつ》あるいは渾天説《こんてんせつ》が採用されており、「天円地方」（円い天に四角の地面）という中国流の考え方をそのまま受け入れていた。動く太陽は動で「陽」であり、宇宙の中心に鎮座する地球は静だから「陰」とする陰陽説とも相性がよかった。

そのうちに、まず中国の書物を通じて西洋の天文学説が入ってきた。游子六《ゆうしろく》が書いた漢書の『天経或問《てんけいわくもん》』（一六七五年頃成立）は日本でも広く読まれたのだが、そこではティコ・ブラーエの天動説（五つの惑星は太陽の周りを回り、太陽は地球の周りを回るという天動説と地動説の折衷説）が説かれている。イエズス会の宣教師たちは既にコペルニクスの地動説を知っていて、その合理性に惹かれてはいたが、ローマ教会は地球が宇宙の中心であるとする天動説に頑迷に固執していたため、妥協案としてティコの折衷説を採用していたのである。だから、日本の暦学者たちもティコの折衷説をよく知っていたが、なぜわざわざそんな複雑な宇宙モデルにしなければならないかよく理解できなかったらしい。

　このような状況の中、日本の伝統的な天文学（暦学）において、麻田剛立や高橋至時のような優秀な天文学者が輩出したのだが、彼らは西洋の足音を聞きながら（事実、地動説を耳にしていたことを記述している）も、暦学から天学（天の運動そのものの研究）へと踏み出すことはなかった。暦を作成する上では宇宙の中心が太陽であっても地球であっても本質的に変わらないから、簡単に扱える地球中心説から離れられず、天の構造や運動について関心が広がらなかったのである。ところが、一七九〇年代から、蘭学を学んだ長崎通詞が先導した西洋天文学の文献を翻訳する仕事が結実し、天文学の新知識が普及するようになった。それによって天文・宇宙に関する好奇心が刺激され、専門の天文学者ではない江漢・志筑・蟠桃によって「江戸の宇宙論」が展開するようになった、というわけである。

「江戸の宇宙論」の展開

星空を「愛でる」と「究める」

古代中国においては優れた景物として盛んに星を詩文に詠み込んでいるのだが、日本の最初の歌集である『万葉集』には星の歌がほとんどない（海部宣男『宇宙をうたう』）。その理由として、古代の人々には、星は人の魂が天に昇ったもの、不吉なものと見做す思想があったのではないかという説がある。あるいは、天が地の異変を予言して天文現象として表れるとする占星術が信じられており、人々は天の事象を畏れ敬う心が強かったのではないかとも言われている。この傾向は平安末期から鎌倉時代にまで続き、七夕の歌は詠われてもそれは地上の恋の物語に焼きなおされているのである。しかし江戸時代になると、文芸の幅が和歌のみに留まらず、五七五の俳諧《はいかい》や川柳、五七調を基調とするさまざまな俗謡へと広がって、ようやく星空の美しさに感嘆した歌が多数詠われるようになった。星空を純粋に「愛でる」気持ちを吐露するようになったのである。

それと軌を一にするように、江戸時代に入ってから、夜空に見えるあの星々はどのような運動をしているのか、そこに規則性はないのかを調べる人間、つまり「星空を究める」人間が登場した。麻田剛立や天文方として雇用された高橋至時、それに加えて間重富など、暦作成のための基礎データの測定を目的に太陽や月、そして惑星を観測し、その運動を計算する暦算家が登場するようになったのである。併せて、岩橋善兵衛（一七五六〜一八一一）や国友一貫斎《くにともいっかんさい》（一七七八〜一八四〇）などが望遠鏡を製作し、太陽黒点や月の表面などの詳細な観察図を残している。これは「星空を愛でる」そして「究める」姿勢の表れと言えるかもしれない。

しかしそれでも限界があった。暦算家は、恒星が張り付いている天球が日周運動で回転し、その天球上を太陽・月・諸惑星が地球を中心として逆行運動するという説で満足した。これに対して儒家たちは、すべてが同一方向に動いており、恒星・外惑星・太陽・月という順で回転が遅くなっているとの恣意的な説で納得した。これらは天球や惑星の配置と動きが観測結果と矛盾しないよう工夫をした考察で、当時の「宇宙論」だとも言える。しかし、いずれも太陽系の構造から積み上げた論理的な考察ではなく、いかにも間に合わせの（アドホックな）議論でしかない。実生活においてはそれ以上を考える必要が認められなかったのである。

地動説の受容

ところが、蘭学を通じて西洋の天文学の知識を学ぶうちに、自ら輝く太陽を中心として、地球を含めた太陽の光を反射する、当時確認されていた六つの惑星が太陽の周りを回っているとの説を知る者たちが現われるようになった。地動説である。日本で最初にコペルニクスの地動説の存在を知ったのは長崎通詞の本木良永で、彼は一七七四年に、オランダ人ブラウの第一部天動説と第二部地動説を対照して記述した本を『天地二球用法』として抄訳した（天地二球とは太陽と地球の二つの球体のこと）。ただ良永は、当時の学問の常識である朱子学が天動説の立場であり、世間の誰もが地球中心説を信じていたこともあって第二部を削除しており、地動説の立場を打ち出さなかったのである。

しかしながら、長崎の通詞仲間とは日常的に地動説のことを話していたようで、仲間内ではいわば常識となっていたらしい。というのは、三浦梅園が一七七八年に長崎を訪れて吉雄耕牛などと交流したとき、太陽中心説が当たり前のように説かれ、梅園は天球儀（太陽を中心とした太陽系模型）を手に取って見ているからだ。おそらく良永は、コペルニクス説をきちんと紹介しておきたいとの気持ちが強くあったのだろう、幕府からの密命を受けて、イギリス人ジョージ・アダムスが書いた本（ジャック・プロースが蘭訳）を『星術本原太陽窮理了解新制天地二球用法記（太陽窮理了解説）』（一七九二～一七九三年）として翻訳した。太陽が中心にあって、その周囲を回転する地球という描像の下で、私たちの世界を太陽系宇宙として客観視する視点（＝太陽窮理）に到達したのである。西洋から二五〇年遅れていたが、同書の翻訳は理を窮《きわ》めることによって新しい知の地平に達する、その素晴らしさを体得していく契機となった。これが日本において「窮理学」と呼ぶ「科学（理学）」の発端となったと言えるのではないか。幕府ご用達《ようたし》の通詞が出した訳本は公に広く刊行することはできなかったが、写本としてかなり広く伝わり、地動説が日本に受容されていったのである。

司馬江漢という人物

まさに、この写本を読んで地動説に魅せられたのが司馬江漢であった。彼は、狩野《かのう》派・浮世絵・唐画・洋風画という当時の絵画の全流派から画法を学んで自分のものとし、稀代《きたい》の絵師として歴史に名を残す人物であるが、それ以外にも日本の歴史において重要な役割を演じている。

一つは、日本で最初にエッチング法によって銅版画を制作したことである。蘭学が隆盛になり始めた頃に彼は前野良沢に弟子入りして蘭語を学び、エッチングの手法が書かれている本を読み解こうとした。しかし、良沢はよい先生ではなく、江漢もよい弟子ではなかったので、江漢は蘭語をモノにできなかった。そこで江漢は、若き大槻玄沢の蘭語読解力の助けを得てエッチング技法を学んで完成させたのであった（一七八三年）。この頃、蘭学者はまだ少なく、草創期の学問の徒として互いに助け合っていた。しかし、それから一〇年経った頃には、玄沢は蘭語の先駆者として蘭学界を背負って立つ大物となり、幕府に蘭学を認知させて官学化することによって、蘭学を日陰の存在から陽《ひ》の当たる学問へと昇格させたいと考えるようになっていた。他方、

江漢が自らを描いた一枚（八坂書房『司馬江漢全集』第３巻より）。

江漢は絵師としての評価は上がったのだが、野人のまま自由に振る舞うことを望み、幕府の政策や封建体質を非難することも吝《やぶさ》かではなかった。そうなれば、当然ながら幕府擁護派の玄沢と幕府批判派の江漢の間には軋轢《あつれき》が生じ、二人は衝突するようになり、江漢は蘭学仲間から追放に近い処分を受けた。その詳細は、私の前著『司馬江漢』に譲るとして、この仲たがいが江漢にもう一つの重要な役割を演じさせる遠因となったのである。

そのもう一つの重要な役割とは、江漢が一七八八～一七八九年に長崎を訪れ、耕牛や良永と交流を持って地動説を知ったことから、科学のコミュニケーターとして地動説を日本で最初に唱道したことである。良永の翻訳で地動説は日本に紹介されていたが、その訳書は幕府内に留め置かれ、一般には写本によってでしか知られなかった。江漢も、最初は地動説を奇異な説と受け取っていたのだが、この写本を見て地動説こそ正しいと確信して人々に宣伝することを自分に課すことにしたらしい。まず著書の『和蘭天説』（一七九六年）で地動説への理解を徐々に深めていく過程を正直に述べた上で、ついに『和蘭通舶』と『刻白爾《コッペル》天文図解』（一八〇九年）によって、地動説から宇宙の構造にまで空想を広げ、星々の世界の全体像を考える宇宙論を提示するに至ったのである。つまり地動説、そして宇宙論を人々に唱道した最初の日本人になったのだ。また窮理学としての蘭学の面白さをわかりやすく語った著作『おらんだ俗話』（一七九八年）も出版し、人々を啓蒙することに貢献したのであった。江漢は日本最初の科学コミュニケーター、と言っても過言ではないだろう。

彼が自伝のつもりで書いた回顧録『春波楼筆記《しゅんぱろう》』（一八一一年）には、「天は広大なもので、遠くから地球を視《み》れば、一粒の粟のようなものである。人はその一粒の粟の中に生じて、微塵よりも小さい。あなたも私もその微塵の一つなのではないか」という文章がある。広大な宇宙に生きる小さな存在としての人間を省察する、そんな哲学的な境地を正直に語っている。

曇天が多く、湿度が高い日本の気候では、星空は遠くまで見えにくいため、天はロマンの対象で「愛でる」対象でこそあれ、太陽系の運動や宇宙の全体構造までを論じる天文・宇宙にまで想像力を広げて「究める」ことがなかった。ところが、江漢が自ら開発したエッチングの腕を活かして『地球図』（一七九三年）、『天球図』（一七九六年）を披露するとともに、先に述べた著作による啓蒙活動を行ったことによって、地動説・宇宙論を受け入れる人たちが少しずつ増えていったのではないかと思われる。弟子にあたる片山円然《えんぜん》（一七六四～?）が『天学略名目』（一八一〇年）において、江漢の説を繰り返し述べていることからわかるように、人々の宇宙を見る目を一気に広げたのである。江漢は単に西洋の説の受け売りをしたに過ぎないと言われ、事実そうなのだが、私はその背景にある彼の科学的空想力の豊かさを高く評価したいと思う。

志筑忠雄と山片蟠桃の革新性

同じ頃、長崎通詞の志筑忠雄は、西洋の天文学・物理学入門の文献を『暦象新書』として翻訳して（上編一七九八年、中編一八〇〇年、下編一八〇二年）、ニュートン力学を日本に紹介した最初の人となった。志筑は、この『暦象新書』において、太陽系という小宇宙における地動説から広大な宇宙空間に星が点々と散らばっているとする無限宇宙のモデルまで、最新の宇宙像を紹介している。江漢は「芥子粒《けし》が点々と散らばる宇宙」とか「荒野に馬があちこちに散策しているような宇宙」を想像したが、志筑も極大の宇宙空間に生きる人間の小ささを述べている。さらに「附録」として付けた「混沌分判図説」において、自らの創意に基づいて宇宙における天体形成過程の仮説を提案していることは高く評価できる。この「附録」で彼が論じた太陽系の形成過程の仮説は、カント・ラプラスの太陽系起源論と遜色がない。

何より強調すべきなのは、志筑が翻訳によって紹介した無限宇宙論は、江漢のような文学的想像力によって空想したものではなく、ニュートン力学に基づいた科学的思考によって提起されたものだということである。また、「附録」の太陽系形成論では、回転体において遠心力と求心力が拮抗《きっこう》する下での惑星誕生という天体の発現過程を、あたかも実際の場をシミュレーションするがごとく極めてリアルに描いている。議論したり相談したりする同好の人間が誰もいない中での、彼の的を射た考察には頭が下がる思いがする。

一方、この『暦象新書』の写本を真剣に読み込み、無限宇宙に思いを馳《は》せたのが大坂で大名貸しを営む升屋の番頭である山片蟠桃であった。実は、『暦象新書』は写本でしか出回らなかった上に、せっかくそれを入手しても数理的素養のない者にとっては非常に難解で、理解できた人間は少なかっただろうと想像されている。いくらニュートン力学の「入門書」の翻訳とは言っても、力や速度や運動などという概念に不慣れな人間には歯が立たなかったと思われるからだ。

では、蟠桃はどうかと言えば、おおよそは理解したが、完全に自信は持てないというところではなかったか、と思っている。そのように私が言う根拠は、以下の点にある。蟠桃が番頭職の合間合間に学習し思索して、自らの思想を書きとめて集大成した『夢の代』では、その最初に「天文第一」を掲げ、地動説から宇宙論に至る西洋天文学の知見を詳述している。その極めつきが、「宇宙には点々と恒星が分布し、恒星の周りにはさまざまなタイプの惑星が付属し、その惑星には人間が生きている星もたくさんある」という先進的な宇宙像を提示したことである。実際に宇宙人があちこちに生息しているとする、現在の私たちが抱いている宇宙の描像を当たり前のように図示しているのだ。ところが、そこに行きつく直前の根拠を示す段落では、ほとんど『暦象新書』を丸写しにした文章が並んでいる。つまり、蟠桃は志筑の論を下敷きにして論を立てたのだが、その理解が不十分であるかもしれないと心配して、わざわざ志筑の文章を詳しく引用しているのではないかと想像されるのだ。蟠桃は、おそるおそる自らの論を提示している風情なのである。自分の文章は多くの人が読むわけではないが、正確を期しておこうと考えたのだろう。とはいうものの、宇宙の至るところに人間が存在するという彼の宇宙論が色褪《いろあ》せるわけではない。

以上のように、江漢・志筑・蟠桃という三人の異なったタイプの人たちが、蘭学隆盛の時代に地動説から無限宇宙論へと想像力を膨らませたのであった。私はこれを「江戸の宇宙論」と呼んでいる。蘭学が移入されて日本において大きく花開き、一瞬とはいえ日本の宇宙論が世界の第一線に躍り出たことを高く評価したいと思う。江漢については既に本としてまとめたので、以下では志筑忠雄と山片蟠桃の天文・宇宙への関わりなどをたどることにしたい。

第二章　長崎通詞の宇宙

最初に志筑忠雄を取り上げる。山片蟠桃と志筑忠雄との接点としては、志筑が翻訳した『暦象新書』と『鎖国論』を蟠桃が読んで参考にし、これに惹かれて蟠桃は地動説そして大宇宙論へと想像を広げるとともに、当時の西洋列強が海外へと進出する世界情勢を論じたと思われる。だから、まず志筑の仕事について書くのが順序というものであろう。まず2―1で「志筑忠雄という人」と題して彼の生涯を語るなかで、杉田玄白や大槻玄沢など江戸の蘭学者と長崎通詞との関係について述べる。第一章に書いた蘭学の変遷を具体的な人物記でたどってみるという意味がある。そして、続く2―2において、『暦象新書』の翻訳によって志筑忠雄が獲得した宇宙像についてまとめることにする。

2―1　志筑忠雄という人

蘭学研究者の杉本つとむ氏の著作に『長崎通詞』がある。蘭語の通訳である長崎通詞の起こりから、蘭語の学習法、優れた通詞（阿蘭陀学者）、紅毛学・博言学の達人、語学教育への献身などの項目に分けて、長崎通詞に関連する諸々《もろもろ》の事柄がコンパクトにまとめられている。何人もの有能な長崎通詞の名前が出てくるが、特に本木良永と志筑忠雄（通詞を辞めてから中野柳圃《りゅうほ》と名乗る）については、その仕事と人となりが詳しく書かれており、杉本氏が強く惹かれた人物であることが窺われる。同氏は地動説を紹介した本木を「日本のコペルニクス」、ニュートン力学を理解して日本に持ち込んだ志筑を「わが国物理学の祖」と、特別な形容で呼んでおられる。彼ら二人が日本に近代科学のエッセンスを紹介した最初の人物として重要な役割を果たしたことへの最大級の賛辞と言えよう。

長崎通詞は西洋の最先端の科学に日本で最初に接することができる有利さはあるものの、それが本当に重要かどうかを嗅ぎ当てる嗅覚を備えていなければ、ただの通訳で終わってしまう。この二人は、杉本氏の特別な呼称通りの仕事を残したのだが、彼らは科学のセンスだけではなく、日本語についての特別な才能も有していた。翻訳作業においては、専門用語を新たに発明するとともに、日本にはない概念を明確に表現することが求められたからだ。彼ら二人の才能と努力を高く評価すべきであろう。

志筑忠雄の出自

志筑忠雄は長崎の資産家中野家に生まれたが、オランダ通詞である志筑家の養子となり、一七七六年（忠雄一七歳）に養父の跡を継いで稽古通詞となった。ところが、翌年早々に病気であること、そして「口舌不得手」であることを理由に通詞職を辞し、以後蘭書の翻訳・研究に没頭したという変わった経歴を持つ人物である（そのため、実家の中野姓に戻って以後、中野忠雄と呼ばれることもある。また、通称は忠次郎だが、盈長《みつなが》とも名乗り、号の柳圃、字《あざな》の季飛、季竜の名前で呼ばれることも多い）。以下に見るように、一七八二年、あるいは一七八六年まで通詞を続けていたとの説もあるが、いずれにしろ年若くして通詞を辞めたのは確かなようである。

実際、大槻如電の『新撰　洋学年表』（以下『年表』と略す）の一七七七年（安永六年）の項には、

通詞志筑氏八代目を継いだ忠次郎忠雄は稽古通詞となったが、口舌の不得手があるという理由で、年齢が十八になった早々にその職を辞し、本木蘭皐《らんこう》に就いて天学を専修した

と大きく書かれている。

　渡辺庫輔の『阿蘭陀通詞志筑氏事略』によれば、長崎通詞の志筑家は本家と分家の二家があり、本家は六代目孫兵衛の後に途絶えた一方で、分家は一一代目龍太まで続いており、志筑忠雄は分家八代目であるとしている。しかし、原田博二氏の調査によれば、忠雄が継いだ家の方が本家であり、本家は初代孫兵衛から一二代目まで続き（志筑忠次郎はその八代目である）、分家は孫兵衛から二代後の孫平から八代数えた禎之助で断絶、が正しいようである（「阿蘭陀通詞志筑家について」、『蘭学のフロンティア　志筑忠雄の世界』所収）。

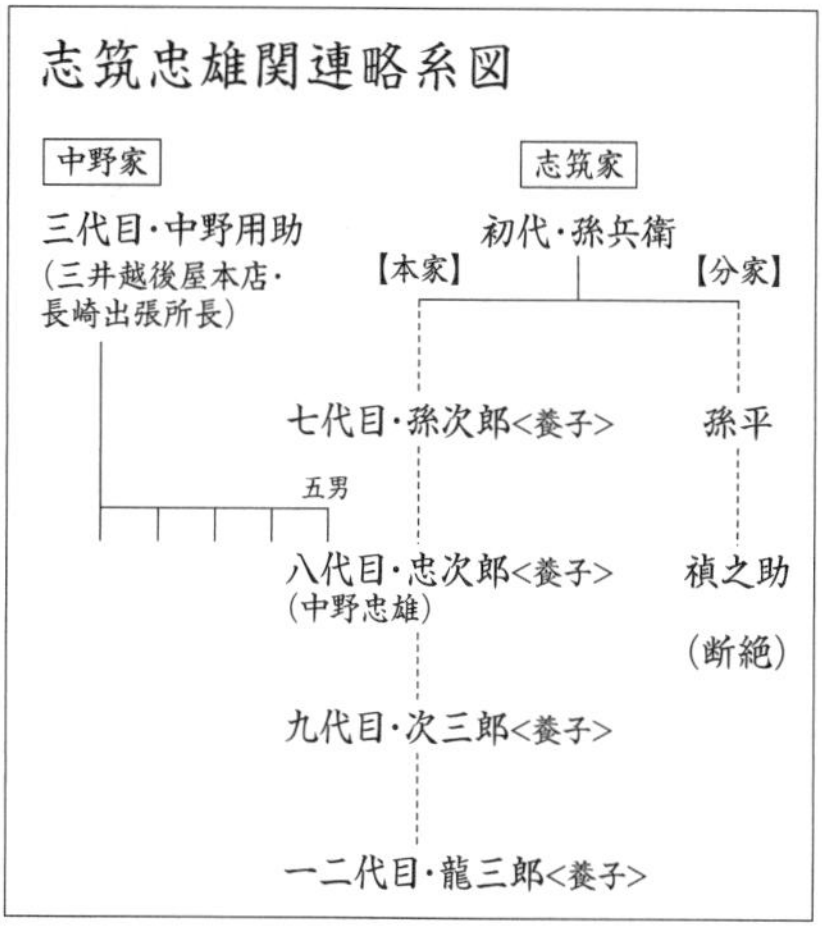

　忠次郎の周辺をもう少し詳しくたどると、本家七代目の孫次郎が一七七四年（安永三年）に稽古通詞になってから、わずか二年後に病気を理由に退役して一二月に病死した。『長崎通詞由緒書』には「七代志筑孫次郎　浚明院《しゅんみょういん》様御代安永三午年（一七七四年）、養父跡職被仰付稽

古通詞罷成、同五申年病身罷成候ニ付御暇奉願　同年十二月十日病死仕候」とある。そして、中野家から志筑家の養子に迎えられていた忠次郎が八代目として稽古通詞になったことが、「八代志筑忠次郎　浚明院様御代安永五申年（一七七六年）、養父跡職被仰付稽古通詞罷成」と事務的に記載されている。

ところが、「同六酉年（一七七七年）病身罷成候ニ付、御暇奉願」とあって、彼は稽古通詞になって一年そこそこで、病身を理由に辞職を申し出ているのである。先に見たように、大槻如電は「口舌の不得手があるという理由」と書いている。実際に忠次郎は病弱であったようだが、「口舌不得手」とはすぐには信じられない。というのは、長崎通詞には役職の公的な序列として、大通詞―小通詞（助・並・末席の序列あり）―稽古通詞―口稽古（＝稽古通詞見習い）があり（さらに私的な通訳を担う内通詞もあった）、忠次郎は一七歳のときには稽古通詞に任じられているため、「口舌不得手」であったはずがないと思われるからだ。どうやら、志筑忠雄は翻訳に打ち込みたいとの熱望を叶《かな》えるべく、病身を理由にして辞職を申し出たらしい。

他方で、長崎の地役人が作成した「地役人分限帳」には、天明二年（一七八二年）まで稽古通詞として忠次郎の名前が記載されており、この年までは通詞を続けていたと考えられる。また、「オランダ商館長日記」の一七八六年六月の項に「Sisobro ＝シソブロ（次三郎）という若者が来て、彼が稽古通詞になったことを私（商館長）に告げた」という記述があり、この文章から九代目の次三郎がこの年に稽古通詞になったばかりであることが窺われる。そうだとすると、八代目の忠次郎は九代目が就任する一七八六年まで稽古通詞を務めていたと考えてもよさそうである。となると、さて志筑忠雄が一体いつ通詞職を辞職したのか、はっきりしなくなる。

通詞の家は世襲制であり、男の子どもがいない場合や、実子に語学の才能がなく、通詞として不適格で廃嫡となった場合は、その代わりに養子を迎えて家名を絶えさせないよう措置するのが通例であった。志筑家でも八代目忠次郎だけでなく、本家の六代目善次郎、七代目孫次郎、九代目次三郎、一〇代目龍助、一一代目龍太、一二代目龍三郎はいずれも養子である。忠次郎が辞職を申し出たため、すぐに九代目として次三郎を養子に迎え相続させている手際の良さで、長崎通詞を務める名門を継続するよう、次々と養子を迎えていたことがわかる。

また、「本木蘭皐に就いて天学を専修した」と、志筑は本木良永に弟子入りして天文学に打ち込んだような書きぶりだが、理系分野の翻訳に関連して本木の指導を得たことは確かであるものの、特に天文学だけに熱中したわけではない。彼の『暦象新書』はイギリスの物理学者ジョン・ケールの『天文学・物理学入門』を翻訳したもので、『上編』は天文学入門だが、『中編』と『下編』は物理学入門であるし、他に数学関係の翻訳も多く試みており、志筑は天文学だけでなく理系の幅広い分野に手を広げているからだ。

『年表』には、続けて、

忠雄、号は柳圃、本姓中野氏。辞職以後、世俗から離れて学問研究を三十年続け、次に示すように、遂に一大部書を訳出した。確かに、その生家は長崎の資産家であるそうだ。生計に心配がなかったため、その志を果たすことができたと聞いている

とあって、志筑忠雄が翻訳において重要な仕事(一大部書の訳出)をしたことをわざわざ述べている。実際、この『年表』には志筑の事績・仕事が何度も掲げられていて、重要な人物と見做していたことがわかる。それらを一覧すると、

一七八四年 十一月 『求力法論』長崎人志筑忠雄所訳 原書はジョン・ケールの著作で、物理学中の力学である。
一七八七年 四月 『火器発法伝』志筑忠次郎所訳 鉄砲弾道の発着遅速を算定する法である。
一七九五年 『魯西亜《ロシア》志附録』志筑忠雄訳 ロシア国の西伯里《シベリア》の併有についての記事である。
一七九八年 五月 『八円儀』志筑忠雄訳 オクタント測量器の解説である。
一七九八年 六月 『暦象新書上編』志筑忠雄訳 原書はケール著作の天文書である。
一八〇〇年 十月 『暦家新書中編』志筑忠雄訳 上編は実動の運動を論じ、この編は実動の

理を論じている。

一八〇一年　志筑忠雄柳圃　自らの研究によって、蘭文に語格と品詞があることを理解し、翻訳の用に供するという。その書を『和蘭詞品考』という。

長崎人末次忠助　志筑柳圃に就いて、星の現象及び算数を学ぶ。

八月『鎖国論』志筑忠雄訳　元禄時代に日本を訪れた蘭人ケンプルの日本見聞記より抄訳したものである。

『和蘭詞品考』志筑忠雄撰　本書がいつ成立したのかは不詳である。

一八〇二年　十月『暦象新書下編』志筑忠雄訳　求心力・混沌分判図説を所載している。

一八〇三年　仙台藩士の大槻民治、名は清準、号は平泉、及び玄幹、名を茂楨、号が磐里の玄沢の子息が遊学し、九月長崎に来た。末次忠助の勧めで、中野柳圃から教えを受けることになった。

柳圃、つまり志筑忠雄はこの年に本姓の中野に戻った。

『日蝕絵算』中野柳圃訳　その大意は、地球の影が月を隠して月食が起こる。これを月から見たとすると、地球が太陽を隠して日食として見えると言っている。

一八〇四年　長崎通詞吉雄六次郎、馬場千之助、西吉右衛門などが中野柳圃に弟子入りし、和蘭文科学を受ける。これにより、西洋の文法や語格について初めて学んだ。

一八〇六年　正月　『二国会盟録』中野柳圃口訳、安部竜平筆記　二国とは清とロシアである。
（欄外）中野柳圃　四七才　七月九日没　長崎光永寺に埋葬。

となる。

また、如電は『年表』にあるように、生家の中野家が裕福であったから翻訳三昧の生活を送れたのだろうと言っている。事実、忠雄は三井越後屋本店の長崎出張所長を務めていた商家の三代目中野用助の実の息子なのである。中野用助は三井の代理人として長崎での越後屋の反物の商売を一手に扱っており、忠雄の生家である中野家は裕福な商家であった（広瀬隆『文明開化は長崎から　上』）。『年表』によれば、彼が中野の旧姓に戻ったのは一八〇三年（享和三年）となっている。それまでは、中野家からの経済的援助を得ながら、志筑家に厄介になっていたということなのだろう。

なお余談だが、一八二八年に起こったシーボルト事件に関して、中野用助が江戸の三井本店宛に送った「報告書」が二〇一九年一一月に発見され話題となった。シーボルト事件の発端については、シーボルトによる日本地図など禁制品の持ち出しが、台風によって船が座礁した際の積み荷から発覚したためという説が一般に流布している。しかし、この「報告書」によれば、地図の受け渡しが江戸で露見して急遽長崎奉行所に連絡が行き、奉行所の役人が出島にいたシーボルトを取り調べて禁制品を発見したことにある、と書かれている。事件の発端は江戸にあったようである。

杉田玄白の偏見

杉田玄白は『蘭学事始』において、八代将軍吉宗の頃に長崎の通詞（西善三郎、吉雄幸左衛門、本木仁太夫）が寄り集まって、ただ暗記している言葉を使って通弁するだけでは不十分で、「われわれだけでも横文字を習い、あちらの国の書物を読んでもよい許可をいただいたらどうだろうか。そのようになれば、今後は万事につけ、あちらの事情も明白にわかり、御用も弁じよくなるはずである」と相談して申し出、その結果許可が得られ、横文字を学ぶようになった、と書いている。長崎通詞の働きかけによって、蘭語の読み書きが禁止されていた事態が改善され、正式に蘭語の学習が始まったというわけである。『年表』では、一七四五年（延享二年）の項に、

長崎阿蘭陀通詞　西善三郎三十歳　吉雄幸左衛門二二　本木仁太夫五一　三人和蘭文書読訳の特許を受く

とある。そして、その注釈で、この次第が『蘭学事始』に書かれた経緯を述べた上で、大槻玄沢の『蘭学階梯』において、長崎に遊学した青木昆陽が西・吉雄の二人からじかに和蘭書を読みたいとの希望を聞いて幕府に願いを出し、速やかに認められたというエピソードが追記されていると記している。

ここまでは蘭語の学習の許可を長崎通詞たちが得たこととの客観的な記述である。しかし、ここから以下の杉田玄白の記述は、もっぱら江戸中心の視点であり、長崎通詞が日本への蘭学紹介において果たした役割について過小評価しかしていない。例えば、「蘭学というものが江戸で大いに開けたということに対して、通詞たちのあいだでは忌み憎んでいるということである」と言っている。『解体新書』を翻訳していた頃でも、「通詞たちは通弁するだけのことであって、書物を読んで翻訳するなどということもなかった時代であった」と記しているのだ。ところが実際のところは、長崎通詞たちはとっくの昔から重要な翻訳書や編纂本を出しており(例えば本木良意訳『和蘭全軀内外分合図』〈一六八二年成立、一七七二年遺稿刊行〉、楢林鎮山編『紅夷外科宗伝』など)、その実績は積み上がっていたのである。玄白は自らの『解体新書』を日本最初の蘭書の翻訳と言いたいがために、長崎通詞たちの翻訳の仕事を意図的に無視しているのである。

このような書き方をした背景には「これまで通詞の家で、一切の御用向きを取り扱うのに、あちらの文字というものを知らないで、ただ暗記していることばだけで通弁」しているに過ぎないとの偏見が玄白に根強くあったためだろう。長崎通詞は口舌の徒に過ぎず、江戸こそ学問の中心であるとの思い込みが彼には強く、中央にいる人間が陥りがちな傲慢な自己中心意識を露骨に抱いていたのである。

とはいえ、玄白が『蘭学事始』の最後の辺りに「逸材の通詞たち」という項をわざわざ起こしているのは、いくらなんでも長崎通詞たちの活躍を無視するわけにはいかなかったためだろう。ところが、「長崎で西善三郎はマーリンの辞書を全部翻訳しようとくわだてたと聞いたことがあるが、それは手を少しつけただけで、完成しなかったと聞いている」と、いかにも長崎通詞は能力不足であるかのように書いている。まずは貶《けな》すのである。大槻如電も、これを読んでさすがに言い過ぎと感じたらしい。先ほどの『年表』の続きに、

杉田玄白肖像（早稲田大学図書館所蔵、重要文化財）。

西善三郎は「コンストウヲールド」という

辞書を和蘭人より借りて三通りまで写せしよし、蘭人その精力に感じ、その書を西氏に与えしとぞ

と、微笑《ほほえ》ましい逸話を収録して西の熱意を伝えている。

実際には、西はマーリンの『蘭仏・仏蘭辞書』を典拠にして「蘭日辞典」（オランダ語の日本語訳辞典）に取り掛かったのだけれど、一七六八年に五三歳前後の若さで病没したために仕事が未完となってしまったのだ。結局、日本で最初の蘭日辞典は稲村三伯《さんぱく》（一七五八～一八一一）が編纂作業を受け継ぎ、ようやく、およそ三〇年後の一七九六年に『ハルマ和解（通称　江戸ハルマ）』として成稿した。西は、それほど大変な仕事に挑戦しようとしていたのである。

実は、『蘭学事始』には、杉田玄白と前野良沢のオランダ語への打ち込みの差がどうして生じたかが書かれている。一七六四年頃、玄白と良沢が西善三郎に会ったときに、二人は西に「オランダ語を習いたい」と申し出たらしい。そのとき、西はオランダ語を習って理解するのはいかに難しいか、例えば酒を飲むことのオランダ語による表現だけでもどれほど面倒であるかを語り、「それは必ずおやめになったほうがいいでしょう」と忠告をしたのであった。その厳しい忠告に対し、良沢はむしろ発奮して蘭学に熱中したのだが、玄白は「そんなことで、いたずらに日月をついやすのは無益なことであると思い」オランダ語を学ぶ気が失せたと言う。

そのような経緯もあって、玄白は西に対して辛辣であったのかもしれない。「逸材の通詞たち」の項では、西のエピソードに続いて、「明和・安永（一七六四〜一七八一年）のころであったか、本木栄之進という人に、一、二の天文・暦説の訳書があるということである。そのほかは聞いていない」とのみ書くだけで素気ない。本木良永の一七七四年の訳書『天地二球用法』のことを指しているらしい。しかし、本木には『太陽窮理了解説』という、コペルニクスの地動説を正面切って紹介した歴史に残る訳本があるのだが、それには触れていないから知らなかったのだろう。

玄白は、この文章の後に忘れていたかのように、志筑忠雄について、「この人（本木）の弟子に志筑忠次郎というひとりの通詞がいた。生まれつき病気がちであったので、はやくその職をやめて、他の人にゆずり、本姓の中野にもどってひきこもり、病気を理由に世間の人との交際を断って、ひとり学んで、もっぱらオランダの本を読みふけり、多くの書物に目を通して、そのうちでも特にオランダ語文の書物を研究・解明したということである」との記述を付け加えている。この文章を読めば、詳しく志筑忠雄の履歴を知っているかのようである。しかし、具体的に仕事の紹介をせず、表面的に触れているに過ぎない。そしてすぐに、「吉雄六次郎（権之助）、馬場千之助（佐十郎）などという人びとが、その門にはいって、オランダ語の品詞や文章などに関する文法の大要を伝えたものであるという」と、江戸に関係の深い馬場佐十郎

(一七八七〜一八二二)についての話題に移っている。自分の直弟子や孫弟子たちが馬場の教えを受けたためであろう。つまり、玄白はずっと長崎通詞を一段低く見ており、長崎通詞出身の馬場は江戸に出て来て活躍し、身内の弟子たちが世話になったからこそ高く評価しているのである。

とはいえ、さすがにこれではフェアではないと感じたのか、「さて、さきの忠次郎という人は、わが国に阿蘭陀通詞という名ができてから、前にも後にもない第一人者であろうといわれている」と伝聞の形で再び志筑を取り上げている。やはり彼を無視できないのである。そこで、「もしこの人が引退しないで通詞職についていたならば、かえってこれほどまでには至らなかったのではなかろうか」と、通詞を辞めたことが名を揚げた原因だと言う。そして、「これは、あるいは江戸でわれわれの仲間が、師もなく友もなくて、ただ推量でオランダの書物の訳読をはじめたことで、かれも発憤してできたことであったかと思われる」と、江戸の人間が翻訳を始めたことが志筑を刺激し奮い立たせたためであると、あくまで江戸の功績としている。ところが、志筑がどんな仕事で「第一人者」となり、「これほどまで」になったかについては何も書いていない。玄白にとっては優れた人物が長崎通詞の仲間にいたことが口惜しいことであったのかもしれない。

大槻玄沢の権威主義

もう一人、蘭学の発展に大きな寄与をした大槻玄沢（号は盤水）と志筑との関係も述べておこう。玄沢は一関藩の藩医の子息で二二歳のときに江戸への遊学を許され、杉田玄白から医術を学ぶ傍ら、前野良沢からオランダ語を学んで、その有能ぶりが高く評価された。玄沢の名は二人の師匠から一字ずつもらって付けたと考えられるのだが、本人は玄白から「『玄沢』に改名してはどうかと勧められたが、その名は自分のような小者には恐れ多くて付けられない。ただ、自分の郷里の近くに黒沢という地があり、黒を意味する玄を使って玄沢と名乗ることにした」と言っている。二人の著名な先輩にあやかったのではないことを努めて強調しているのである。

大槻玄沢肖像（早稲田大学図書館所蔵、重要文化財）。

玄沢は一七八五年に長崎に遊学し、通詞の本木良永宅に寄宿して大通詞の吉雄耕牛などの世話を受け、志筑忠雄とも親しく付き合っている。江戸に帰ってからも志筑と文通をしており、志筑が送った手紙が残されている。また、息子の玄幹を長崎遊学に送り出しており（一八〇三年）、親子で志筑の世話になった間柄である。そんな経緯もあるので、玄沢には杉田玄白のような長崎通詞に対する偏見はない。しかし、彼は蘭学が幕府に重用されるようになった時代に生まれ合わせたこともあり、先にも触れたように年を経るに従って次第に国家主義的な姿勢、つまり蘭学が官許の学として幕府に位置付けられることを目指し、果ては蘭学政策にまで口を出すようになっていった。大槻玄沢は権力にすり寄る形で蘭学の興隆を図ろうとしたのである。彼の著作のいくつかを拾ってみよう。

初期の蘭語解説の著書『蘭学階梯』の「巻上　興学」では、「通詞仲間である西・吉雄の両氏が熱心に切望し、蘭書を読む許可を給わるよう」願い出て「速やかに許された」というところまでは、玄白の文章と同じだが、次からが大いに異なっている。「西善三郎という人は、その仕事に非常に熱心で、中年になって、阿蘭陀の人『ピートル・マーリン』という者の言葉を集成した書を採用して、後学の為に翻訳を開始したけれど、惜しいかな、その企てを最後まで終えずに亡くなった」とあって、西善三郎の仕事が未完に終わったことを残念がっている。大槻玄沢がまだ若く、長崎との交流もあって偏見も先入観もなかった頃の文章なので、よけい玄白との差異が目立つではないか。

他方、功成り名を遂げた六〇歳の玄沢の著書『蘭訳梯航《ていこう》』（一八一六年）は、門人の質問に答える形の問答形式で、蘭学に対する意見を述べたものである。師である玄白の『蘭学事始』が成立したのは一八一五年であり、その続編としての意味を持たせようとして、玄白に代わって自分が蘭学の第一人者であると意識したのか、この本では玄沢なりの見方を強く打ち出している。「巻之上」では、「蘭学が、都下に創立された経緯を詳しく教えていただいたが、その際に崎《き》陽《よう》（長崎）の通詞などは、阿蘭陀の書を読んで翻訳をしようという者は、当時はいなかったのか？」と、江戸中心主義で長崎の蘭学への寄与を無視しようとの意図を込めた問いに対して、「我々の学派と西氏・吉雄氏などとの間では根本は同じものである。しかし、その前後において、西氏・本木氏などが書いた一、二の訳説を見ると、不十分なところがある。やはり、本格的な翻訳の始まりは蘭学事始にあり、翁（私、玄沢）が蘭学問答で話すことになるから、とりあえずここでは論じない」と玄白を持ち上げ、あえてそれ以上言うことを差し控えている。

「巻之下」では、「蘭学の精粗虚実について詳しく聞くことができた。では、その学びかたについて、昔はおおざっぱで、今は非常に精密になったと言われるが、どうであろうか？」との問いに、玄沢は「蘭学が精密になったのは、天明の初年、長崎に於いて、中野柳圃という人が出て、その正しい学の方法が起こってからである」と、中野柳圃（志筑忠雄）の名前を挙げて、蘭学が正しい道を進むようになったと言っている。そして「この人（志筑）は通詞となったが、多病を理由にしてその職を辞し、独り隠れて病を養い、自ら好む所の和蘭書に耽《ふけ》り、専らその学を研究し、中でも、かの文科の書を読んで、よくその学の方法を了解・教諭したことに始まったのである。従来の訳者が行ってきたことは、今言った通りのおおざっぱなものであったので、全体の水準は非常に低かった。現在の学者たちは、この志筑の教えを受けて、蘭書を精密に理解するようになった結果、その所説の正しさを失わず、意義のすべてを理解できるようになったと聞いている」と、志筑の研究を受けて蘭学が体得できるようになったと説くのである。玄沢は志筑の業績を正当に判断して、蘭学発展への寄与を高く評価している。

そして、草創の頃の『蘭学事始』の時代、前野良沢が苦労して学んだ時代、玄沢が学んだ頃の不十分な言語理解、それらと日本に漢語が入ってきた時代との対比などを回想した後、「長崎の柳圃（志筑忠雄）は、その学修をどのようにして本式に開始したのだろうか?」との問いに対して、「柳圃は専ら文法書に非常に精通し、その勘所を押さえたのである。長崎に於いて和蘭語の翻訳者が出て以来、今に至るまでの第一人者と言うべし」と答えていて、志筑の仕事への評価はフェアである。大槻玄沢は一七八五～一七八六年に長崎遊学した際に志筑と誼《よしみ》を通じて意見を交わし合い、一八〇三年には息子の玄幹（名が茂楨であることから、「楨」と呼んでいる）を志筑の下に遊学させている。玄幹は志筑からオランダ語の薫陶を受けたこともあって、天文方の蕃書和解御用を務めるようになった。その意味では、玄沢は志筑の実力をよく知り、高く評価していたのである。

他方では、玄沢は私塾「芝蘭堂」に集まる多数の門人を育てて、幕府が蘭学を正式に認め奨励するよう意識的に働きかけてきた。第一章でも説明したが、折しも、ロシアからレザノフが漂流民であった仙台の津太夫らを伴って来日するという事件が起こり（一八〇四年）、幕府も海外との関係を重視せざるを得なくなった。この機に乗じて、玄沢は幕府に重用されるべく画策する。その最大の成果が幕府にオランダ語を専門として翻訳（和解）する役割である「蕃書和解御用」の役所を一八一一年に作らせたことで、馬場佐十郎をその役所の訳員として採用させた。馬場佐十郎は志筑忠雄の一番弟子とも言える人物で、語学では天才的な能力の持ち主であって、玄沢の弟子には彼に並ぶ者はいなかったのである。そして玄沢は自身をも訳員として採用させ、学問の輸入に力を尽くしながら、「和解御用」の動向に目を光らせるようになった。つまり、洋学へと変遷しつつあった蘭学の統制を行うことを権力に期待し、研究を許可制とすべきことまで議論するようになったのである。

誰もが蘭学を学べるように入門書として書いた『蘭学階梯』の時代から、幕府に文句を言わないエリートのために書いた『蘭訳梯航』へと、この三〇年ほどの間に玄沢は変貌を遂げたのである（佐藤昌介『洋学史研究序説』）。玄沢は、蘭学の隆盛を図るために権力に取り入り、学者をアカデミアに結集させて幕府の手助けをするという構造の先端を担うようになったと言える。こうなると蘭学も、もはや司馬江漢のような庶民への啓蒙と知を楽しむ学問ではなくなり、研究に従事する者も国家に従属する御用学者となっていった。玄沢はその最大の「功労者」になることを自ら目指したのである。江漢と玄沢の決定的な対立の根源はここにあった。このような学問の官学化に尻尾を振る学者たちの習性は今も続いている。

さらに、玄沢は一流の蘭学者を集めて、フランスのショメールの『家庭百科事典』の蘭訳書を『厚生新編』という題名で翻訳することを企てた。これも外国からの文化輸入が重要になるとの読みからの提案なのだが、「厚生」という上から目線の訳語を見れば、幕府の善政の一環として役立てようとの魂胆があったと思われる（赤木昭夫『蘭学の時代』）。玄沢は、外国に国を開かざるを得なくなっていく時代の先行きを読む、という先見性に優れていたのは事実である。

つまり、玄沢は玄白のような長崎通詞への差別意識はなかったのだが、玄白と同じく中央（江戸）中心主義で、幕府（権力者）の意に沿い取り入ることで自らの立場を強化しようとする権威主義的発想が強くなっていったのだ。そして、時代が開国へと向かわざるを得ない状況にあることを見て、幕府のために知識を用立てて御用に応じることを以て蘭学（洋学）を広め、国家の役に立つことに努めたのである。

蘭学の御用学問化

先に述べたように、大槻玄沢の長男の玄幹（号は磐里）は江戸から長崎に遊学して志筑から直接オランダ語を学んだ人物であるが、彼は一八三二年に『蘭学事始附記』（以下『附記』と呼ぶ）を執筆している。実は、玄沢の『蘭学梯航　巻之下』の最初の問答には、「『志学続燈』と題し、蘭学事始より後のことを書き綴《つづ》って、家牒（大槻家の帳面）に書き遺すこととした」とあるのだが、実際には玄沢は書かなかったらしい。その補いのためなのか、玄幹が代わって書いて大槻家に伝えられたものが『附記』だとされている。

そこには、玄幹が一九歳のときに長崎に行った際、末次忠助（一七六五〜一八三八）という人が「長崎に柳圃中野先生という人がいる。世に隠れた人格者であり、人との応接を避け、数十年来西洋の天学に打ち込んで蘭書に熟達した人物である。私が間に入って紹介しましょう」と言うので会ったところ、志筑が昔父親の玄沢と付き合ったというので親しくなった、とある。この最初の経緯を玄沢も玄幹から聞いていたのだろう、同様のことが『蘭学梯航』にも書かれている。

そこで、吉雄六次郎（後の吉雄権之助、一七八五〜一八三一）、馬場千之助（後の馬場佐十郎）、西吉右衛門ら志筑の弟子たちとともに、玄幹は志筑の謦咳《けいがい》に接した。玄幹は「先生の塾に入った。この頃から柳圃の名は、長崎中に轟《とどろ》いており、私（玄幹）が先生の名を名高くした最初の人間だ、と人々が言っている。実に、蘭学の真価を発揮したのは、この先生があってのことだと世間もよく知っているので、その説をあえて述べずにおこう」と記しており、なんだかひとりよがりの側面もあるが、師である志筑が有名になっていく様を傍で見ていて誇り高く思っている風情である。玄幹は良い弟子であったのだろう、志筑から『助詞考』や『蘭学生前父』の写本を授けられている。

ほどなくして玄幹は志筑のことを玄沢に話したようで、「家翁（玄沢のこと）がある高貴な方へ申し上げ、周辺の方々とも相談して江戸へ招くよう相談したのだが成功しなかった。先生（志筑）も亡くなった」と、志筑を江戸に招く計画もあったと『附記』に書いている。そこで、暦局の間五郎兵衛（間重富）と相談して、柳圃の弟子筋から馬場佐十郎を推薦してもらって採用させ、蘭書を読む仕事に従事させたのである。

数年で馬場佐十郎が長崎に帰らなければならなくなったとき、玄幹は土生玄碩《はぶげんせき》（一七六二〜一八四八、幕府の蘭系の眼科医で将軍家斉の奥医師）に面会して相談した。そのとき、玄幹は土生に「ショメール」を翻訳することの重要さを説き、その翻訳を佐十郎に命ずれば必ず成功すると進言した。その結果、「『ショメール』和解御用が佐十郎に命ぜられ、遂には御家人の仲間に入れることになった」と書いている。「その後、家翁（玄沢）も招かれて右の和解御用に命じられ、幕府の仕事をするようになったことは、五十年経ってようやく蘭学が公学となった最初である。続いて、宇田川玄真・杉田立卿《りゅうけい》・青地林宗《あおちりんそう》など数人が和解御用として出仕するようになったと言っても、以上のような経過から家翁（玄沢）が最初であったのである。これには土生君の斡旋《あっせん》があったのは事実である」と、蘭学者が幕府の奥医師の協力を得て幕府に取り入っていく状況をあけすけに述べている。こうして、一番のボスである玄沢が和解御用に任用されて外交に関わる重要な仕事を任され、弟子たちがその役を継ぐようになったのだ。蘭学が幕府御用達の学問、つまり「蘭学が公学となった」発端が玄沢であったことがわかる。

このような状況にあって、玄沢は次々と弟子筋を和解御用に推薦していったのだが、蘭学の真の実力者は長崎の志筑の門下生であった。というのは、『附記』に「この学問の実力を発揮したのは馬場氏が最初である。ところが、この人が不幸にして文政の初年（一八一八年）に亡くなったとき（実際に馬場佐十郎が亡くなったのは文政五年）、ある日高橋君（高橋景保）が私に向かって馬場の代わりを長崎より誰か招きたいと尋ねたので、吉雄忠次郎がよいと申したら忠次郎を江戸に招くことになり、この学問はますます盛んになった」という経過が記されている通り、吉雄忠次郎が和解御用に任用されているからである。馬場の後釜に据えられた忠次郎も有能であった。長崎通詞の面目躍如である。

玄幹は「これより先、高橋氏（景保）は父（高橋至時）の業を継ぎ、通詞を始めとして蘭学者を集めて、日々の職務には関係しない『ショメール』の翻訳も手掛けるようになった」と、高橋景保が幕府に重用されることになった状況も伝えている。しかし、「この人は、学才は乏しいけれども、世事に長じて俗吏とよく相談し、敏達の人を部下にして公用を果たしたために、この学問が大きな役を果たしたのである」とも書いている。景保は学問的才能は不十分だが世事に長《た》けており、有能な部下を使って公用をよくこなし、蘭学を大いに役立てたというわけで、少々皮肉っぽい。

他方、「土生氏は眼科を専門として手術に長けた人であり、蘭学を信じたときより、馬場を始め、家翁（玄沢）・宇氏（宇田川氏）など、その斡旋によって、この道が開けたことが少なからずあった」とある。土生の力添えがあって、馬場を含め、玄沢や宇田川氏ら学者たちを斡旋したことによって後継者が出て、蘭学を広めたことを誇っているのである。すぐ後に述べるように、景保と土生はシーボルト事件に連座して処罰を受けた二人であるためか、それぞれに対して微妙な書き方をしていることに注意されたい。

また、「長崎は、文化の初めより吉雄権之助という者、柳圃の没後にその名が日に日に高まり、各地から蘭学諸生が年々に遊学することは百回を数えると聞いている」と、多くの蘭学を学ぶ人間が長崎に参集している様子を記して、「今のように蘭学の盛んになったのは後年もまた得がたいことだろう」と蘭学が隆盛している現状を誇っている。しかし、「長崎には権之助の没後に名が聞こえる人もなく、弟子たちも散り散りになって寥《さび》しい状態になっている」と、やがて長崎には蘭語の実力者が払底《ふってい》してきたと言う。また訳書を印板するのも幕府に近い江戸の方が有利となっていることが、「私が柳圃より口受して書いた『西音発微』を板に彫って印刷するのは、蘭字を公行して幕府の許可を得た最初である」との記述からわかる。玄幹は素直に自らの業績を誇っているのだが、実は優遇されていたのである（『西音発微』の刊行は文政九年〈一八二六年〉）。

つまり、玄幹の時代は、蘭学が玄沢の働きもあって御用学問として確立した時代で、玄幹自身はたいした苦労もなく「和解御用」として雇用されて出世し、著書の出版も容易であったのだ。玄幹は、自身が志筑忠雄の才能に支えられていたこと、また吉雄権之助や馬場佐十郎などの長崎通詞の優秀さをよく知っており、上記の文章は、これらを巧《うま》く利用できてよかったという感慨のようにも受け取れる。そして、今や蘭学は官許の学となって全国に広がっており、その中心は江戸にあるとの強い自信を持つようになっていたのである。

この『附記』の末尾には「天保三年壬辰三月竹痴陳人大槻楨竹地の薔薇草舎に記す」とあって、一八三二年に書かれていることがわかる。つまり、一八二八年に発覚し、ここに名を挙げている高橋景保や土生玄碩など関係者が過酷な処罰を受けたシーボルト事件の後なのである。実際に、日本地図をシーボルトに贈与した高橋景保は牢《ろう》につながれて一八二九年に獄死し（後に死刑判決）、土生玄碩は三つ葉葵《みつばあおい》の紋が入った紋服をシーボルトに贈ったため官禄を剥奪されて入獄した。通詞の吉雄忠次郎は高橋景保からシーボルトへの日本地図授受の仲立ちをした咎《とが》で、やはり永牢を命じられている。これらの後日談を知っているはずなのだが、玄幹は右に書いたように当たり障りのないことしか語っていない。幕府の気を悪くさせないよう「深い関係がない風」を装って、『附記』には踏み込んで書かなかったのであろう。せっかく幕府に取り立てられるようになった蘭学なのだから、シーボルト事件には直接触れないという立場を貫いている。

以上、寄り道しながら、玄白・玄沢・玄幹による三者三様の志筑忠雄や長崎通詞に関する記述を拾い上げてみた。長崎通詞に対する態度と、江戸中心の見方という二つの次元で比較すると、くっきり三者の差異が見えるようである。結局、シーボルト事件以後、長崎通詞の伝統は弱体化して蘭語を扱うのは江戸中心になり、お上の御用を承る学者集団の蘭学は、ロシア語・英語・フランス語などさまざまな異国語への拡張からオランダに限らない西洋の学問としての「洋学」へ、そして政府と強く結びついた「官学（公学）」へとシフトしていくことになった。志筑がもっと長生きをしていれば、果たしてどのような道を歩んだであろうか。

先達の本木良永

志筑忠雄は、天文学のみに留まらない科学の精神を体得していた本木良永に弟子入りして、科学全般のしっかりした素養を身に付けている。さらに、志筑はオランダ語文法に関する知識も本木から学んでいて、それが彼のオランダ語研究の仕事につながっている。こうして見ると、志筑は本木から文理双方の分野について強く影響を受けたのであった。その意味で、本木良永は志筑を育てた重要な先達と言える。また、本木は「日本のコペルニクス」と呼ばれるように、西洋の科学書の翻訳からコペルニクスの地動説を日本において最初に紹介した人間であり、なかなかの傑物であったと伝えられている。

本木良永肖像。左には夫人が描かれている。
(思文閣出版『九州の蘭学』より)

ここで本木について紹介しておこう。

本木良永は、吉雄・石橋・志筑・西などの各氏と同じ平戸系の長崎通詞の家柄である本木家の三代目で、初代は本木庄太夫良意、二代目仁太夫良固《りょうこ》、四代目正栄《しょうえい》、五代目昌左衛門、六代目昌造と明治初期まで続いた通詞の名家である。初代の良意(一六二八〜一六九七)は日本で最初の解剖書『和蘭全軀内外分合図』の翻訳を行い、四代目の正栄(一七六七〜一八二二)は日本初となる英語の辞書の編集主幹を務め、フランス語の学術書も編纂している。六代目の昌造（一八一四〜一八七五）は日本における活版印刷の先駆者として知られており、三代目の良永を加えると四人が「日本で最初」の偉業を成し遂げたという稀有な家柄なのである（W・ミヒェル他編『九州の蘭学』）。

諱《いみな》が良永である本木は、初め茂三郎と言い、さらに栄之進と改め、後に仁太夫と称し、号が蘭皐である。医師の西松仙《にししょうせん》の二男で、本木家の二代目仁太夫良固の養子となって三代目を継ぎ、一七四八年口稽古、四九年に稽古通詞、六六年小通詞（末席）、七七年小通詞（並）、八二年小通詞（助）、八七年小通詞（三人扶持）を経て、ようやく八八年に大通詞（五人扶持、このときに仁太夫と名乗る）となった、という経歴である。一五歳で稽古通詞になってから、小通詞（末席）になるまで一七年、それから大通詞になるまでさらに二二年を必要としている。かの通詞として名高い吉雄耕牛が一四歳で稽古通詞になり、一九歳で小通詞、二五歳で大通詞となったことと比べると、良永は通詞としての出世が大きく遅れていたことがわかる。『年表』の一七四五年（延享二年）の項の注釈では、良永が大通詞としてリーダーとなるまで相当の研鑽《けんさん》を積まねばならなかったことを、「本業の弁舌に不得手であったのだろう。けれど、学問に心深く、頭に白髪が混じる身になっても若い者と同じく学問への志を強く持っているのは素晴らしいことである」と書いている。彼は口で通訳をするより、机に向かって書物に没頭する方が性に合っていたのかもしれない。

良永が大通詞になってからのことだが、一つの事件とそれに伴う謎が生じる。一七九〇年に、松平定信は寛政の改革の一環として、和蘭貿易で利用が許可されている船を年二隻から一隻に減らし、カピタン（商館長）の江戸出府も（一年に一度から）四年に一度に改めた。これを「半減商売令」という。貿易の規模が大幅に縮小されるのだから、オランダ人のみならず長崎の商売人や通詞たちにも大きな損失であった。それが原因であったのかわからないが、一一月には樟脳《しょうのう》の輸出に関する汚職疑惑によって、大通詞であった吉雄耕牛は三〇日戸締め、楢林重兵衛と良永は三〇日押し込めを命じられて監禁されたのである。

それだけに留まらず、さらに一二月には「誤訳事件」が発覚する。半減商売令には「もしオランダ船が二隻以上の船で銅の商売をしに来たら、船荷を焼却または没収される」という趣旨の、オランダにとって非常に厳しい取り決めが含まれていたのだが、長崎通詞がこの法令をオランダ商館向けに蘭訳する際、当該の部分を意図的に省略してしまったことが明らかになったのだ。これにより吉雄耕牛と楢林重兵衛の二人は大通詞職を剝奪され、小通詞西吉兵衛も揃《そろ》って五カ年蟄居《ちっきょ》を申し付けられたのであった。しかしこのとき、良永は五〇日の押し込めで済んだ。なぜ、大通詞になっていた良永は軽い罰だけで済んだのだろうか？　これが、この事件に付随する謎である。

この謎は、良永が蘭学の重要文献を翻訳する上で欠かせない重要人物であったため、厳罰に処して活動を停止させるわけにはいかなかったのではないか、と考えれば氷解する。以下に見るように、良永は松平定信の密命を受けた翻訳をいくつもこなしており、褒美を何度も賜わっているからだ。

本木良永は、才気煥発《かんぱつ》というよりは努力の人で、真面目にこつこつと勤め上げる人であり（それ故、『年表』にあるように「弁舌に不得手」と見做されていたのだろう）、長い修業時代に天文・地理・医術・物産などについて地道な研鑽を重ねて翻訳の幅を広げていた。このような積年の学問の蓄積が彼を重罪から救うことになったのかもしれない。良永が天文学について造詣が深いことはよく知られて声望が高まっていたこともあり、定信が特に指名して天文学関連の蘭書の翻訳を命じているからだ。良永は難解な蘭書を翻訳できる唯一の人間であり、牢獄に長く閉じ込めるわけにはいかなかったのである。

良永の翻訳書

良永が手掛けた翻訳書で代表的なものを挙げておこう。

（1）『阿蘭陀地球図説』（一七七二年）
未完本。「その一」「その二」「その三」に分かれている。

（その一）「両半面（半球）平面地球図の説」とあり、コロンブスが新世界を発見し、アメリゴ・ヴェスプッチの名から「アメリカ」と名付けられたことなどを記している。

（その二）地球の運行についてギリシャのターレス以来の歴史を述べたもので、コペルニクス、ティコ・ブラーエの名前が日本で初めて登場した文献とされている。

（その三）「和蘭地球図説三」とあり、世界周航や北極地方の探検などを記している。

（2）『天地二球用法』（一七七四年）

松村元綱校、原書はウィリアム・ブラウ（一六六六年）。自序に、「天地二球は、天文地理の学士及び航海者の要器である」「これに天地球の教えと訳す」とある。巻末に「この書を翻訳するにおいて、和漢の文法にこだわらずに、専ら和蘭の意に従い、正訳あるいは義訳、仮借略文を交えたが、そうできない部分の和蘭人の語意は理解し難い。和蘭人と我々とが遣う言葉が同じではないからである。これに対しては、私の同学の友人の松村君（松村元綱）に漢訳の名義を問い、かつ字句の校訂を請い」と、翻訳の困難さを正直に述べている。ここに正訳（蘭語をそのまま対応する日本語に置き換える翻訳）、義訳（意味を重視した意訳のこと、例えば原語で「不動星」となっていた表現を恒星と訳すなど）、仮借略文（意味に関係なく漢字を音のみで用いる、音訳ともいう）と複数の方法を区別してそれぞれ名付け、翻訳における言葉の使い分けについて述べている。

原本では地動説が正面から説かれているのだが、良永は朱子学の陰陽五行説に基づく天動説が世間に流布していることを踏まえ、本書では明確に地動説を主張するに至っていない。

(3)『太陽距離暦解』(一七七四年)
松村元綱校。赤緯(declination)の訳に困って、「太陽と地球の距離」と訳している。

(4)『阿蘭陀海鏡書』(一七八八年。阿蘭陀大訳士とあって、良永がこの年に大通詞となったことを示している)。
吉雄耕牛が本書を推奨して、「この書は、平戸以来、通詞たちが心掛けていて、一下りや二下りは筆を染めるのだが、なかなか学が不十分な者には歯が立たなかった。ようやく良永がこのたび全部の訳を完成させ、永く通詞に重宝されるものになった。誠にありがたいことで、この先どんな人間が現れても同じようにできるとは思われない」と、良永の才能と業績を高く評価している。

本書には天体観測を利用して航海術にいかに活かすかが書かれていて、「若年の漂海者・船師の仕事を学ぶことを好む者」向けとした文が添えられている。

（5）『阿蘭陀永続暦和解』（一七八八年）
吉雄幸作（耕牛の通称名）と共訳、「和蘭永続暦の翻訳仰せ付けられ、これにより御褒美白銀五枚頂戴仕る」とある。松平越中守、即ち松平定信の命によるものである。

この暦は、一年を三六五日とし、四年に一度閏年を入れ、太陽の動きや月の望や朔や潮の干満を正確に知ることができる暦である。

（6）『阿蘭陀全世界地図書訳』（一七九〇年）
「万国地図書二冊の翻訳を仰せ付けられ、その功により御褒美白銀五枚頂戴仕る」とある。

これに付けられた文章において、「この書、ＡＴＬＡＳと言う。ラテン語である。ラテン語とは和蘭の雅言にして古語である。ＡＴＬＡＳと言う名称は、彼の地にある天に聳える高山の名である」と書かれている。ラテン語が使われていることに驚いたのだろう。

（7）『太陽窮理了解説』（一七九二〜一七九三年）
内題は「星術本原太陽窮理了解新制天地二球用法記」。一七六六年版のジョージ・アダムスの原書を一七七一年にジャック・プロースが蘭語に翻訳したものの重訳である。

本書は、本木良永の代表的翻訳書であり、日本で最初に太陽中心説（地動説）を正面から主張する書物であった。以下に、本書にまつわるさまざまな事柄をまとめておこう。

○「太陽窮理」という表現について

ここで使われている「窮理」は、stelsel（英語の system）の訳語で「体系」という意味を持たせている（他に「説」という意味もある）。だから太陽窮理＝太陽系を意味しているが、それだけでなく太陽中心説のことをも表している。というのは、上巻に「コペルニカアンセ・ステルセル（コペルニクス体系）とは如何なるものを言うか」との章を設けて、地動説を堂々と主張しているためである。良永が「日本のコペルニクス」と呼ばれる所以《ゆえん》がここにある。本文中に「ラランドの星術測量」を引用しているが、ラランドの『天文学論』は一七六四年に出版されているので、最新の知識を集約したことがわかる。

○「和解例言」（和解＝翻訳）について

もう一つ重要な点は、下巻に「和解例言」を付して、蘭語そのものに関わる研究に足を踏み入れたことで、これは続く志筑忠雄の蘭語文法の本格的な研究へとつながる道を拓くものであった。オランダの各種文字（印符文字＝大文字、板行文字＝普通文字、書牘《しょとく》文字＝a、b、cのような文字、算数文字、算数文字別形）を挙げ、蘭語の発音をカタカナと仮借文字を並べた一覧表を作ってわかりやすく示した上で、翻訳の困難さについて詳しく述べている。さらにラテン語と蘭語の違い（例えば、日本のことをラテン語ではヤポヌニカ、蘭語ではヤプパンと称する、また蘭語のドイツラントはラテン語のゼルマニヤ、など）も解説している。良永が言語に対する一家言を持っていたことがわかる。

「和解例言」の中で、良永は翻訳にあたっての言葉として、「総じて和蘭言語を翻訳し、左行の横文字を以て日本の右行文字の縦に訳をとるは、鳥獣草木を以て人事に当てるのと同じである。蓋《けだ》し人は天地の竪《たて》の気を受けて万事に熟達している。鳥獣は天地の横の気を受け頭を横に向けて横に歩行し、草木は天地の逆の気を受けて逆に立ち、その口は地中に在って根から栄養が行く。従って、左行横文字の言語を日本文字の右行縦文字に移すとき、適当な訳語が見当たらないこともある」との文章を残しており、ここに翻訳の困難さと自らの努力を率直に述べている。

○「天文学用語」について

特に天文学においては、日本に名称があってオランダになく、オランダに名称があって日本にはない言葉が多くあるため翻訳が非常に困難であると述べている。そして、「このために、先輩の通詞で、和蘭の書籍を翻訳する者がいなかった。書を理解することは、和蘭学においては差し障るところはないと言っても、天文書を理解するにおいては天の神・地の神の了解を得なければならない」と、特に天文学においては正確を期さねばならないと強調する。そして、これまで先輩が挑戦してきたが、満足できるものとならなかったことを述べ、自分は「今幕府からの命を受け、この書を翻訳することを辞退できない状況にある。むろん、浅はかで拙い実力の者が果たせる任務ではない。どのようにしてきちんとした翻訳を全うすることができるであろうか。道理が欠けているところはこれを正し、名と物で欠けているところはこれを補い、後世の優れた人びとによって訂正してもらうよう願うのみである」と、悲壮な決意で翻訳に向かったと語っている。

苦労したのは天文学の専門用語で、六曜（五星と地球）を指す言葉をドワール（惑う）・スタルレン（星）＝惑星と正訳したことはよく知られている。「天文観測の研究者たちが、六曜の躔度《てんど》（天体があちこちと移動する角度）を測定しようとするとき、今ここにあるかと見れば、別の場所にあって、一瞬の間も一カ所にあらず」といった具合であるからだ。また、サテルリテン（サテライト）を待衛星と訳しており、「衛星」という呼称はこれから志筑忠雄が造語したものである。さらに、衆星と呼ばれた遠くの星々は、位置が変化しない不動の星であり、一定の明るさで自ら光っているとして「恒星」と呼んだ。他に、突然地球近傍にやって来て、太陽と反対側に箒《ほうき》のように大きな尾を引いて見える星を「彗星」と名付けた（彗は箒の意味）。私たちが日常使っている天文用語の多くは良永の造語なのである。また「和蘭人には天学という言葉はない。日本人の天学という言語は、星術という意味である」と、本書の最初の「星術」は天文学の意味であることを述べている。

○「その他の用語」について

「ヒロソーヒセ・ヲンデルウェイセル」という書籍に関しては、「その名を訳すれば、儒教に通ずるなり」と述べている。そして、コペルニクス、ケプラー、ガリレオ、デカルト、ガッサンディ、ニュートンなど西洋の科学者を列挙して、「窮理学及び性理学の基の動かざるところを極め」と科学の王道を示している。「性理学」とは、儒教において万物の根本原理である「理」と人間の本質を意味する「性」を主要問題として考える学を意味し、「哲学」が目的とする学問に近い。他方で、ティコ・ブラーエの折衷説を「この説を取る者は少なく、専ら義理の趣きがあって、コペルニクスの太陽窮理の学こそが実説である」と引き合いに出して、地動説の正しさを強調している。中国の書物（『天経惑問』や『暦象考成』など）がティコの説に留まっていたのを「義理の趣き」と呼んで批判的に見ていたことがわかる。

「本木良永墓誌銘」

この『太陽窮理了解説』は、弟子たちから「先生著訳中最難の書」とか「先生必死の書」と、何やら大変な難物であったかのように伝えられている。その理由は、楢林栄哲撰、楢林栄建《えいけん》書の「本木良永墓誌銘」に、以下のように書かれていることから想像できるだろう。「かつて命を奉じて書を訳す。時これ厳冬、自ら冷水を裸体に注ぎ、素足にて諏訪神廟に詣で、その業の終わるを祈る。人あるいは諫《いさ》めて曰《いわ》く、子《し》既に老いたり、なんぞ自ら苦しむるの激しき、君曰く、われ先世より訳を以て公禄を食《は》む。蓋しその職を尽くしこれを以て死に至らば、即ちわが分のみと。その勤学刻苦おおむねこの如し。その病の日に当たって、なお蘭書を左右にし、手巻を捨てず。是ゆえに益《ますます》其神を労するも、毫《ごう》も自愛するところなくして起《た》たざるに至る」とあるからだ。

つまり、翻訳の仕事によって生活できているのだから、それが理由で死んでも悔いがないという悲壮な決意の下、良永は冬の寒いさなかに水を被り、裸足参りをして、翻訳が成就するよう神に祈ったというのである。実際、翻訳を命じられたのは一七九一年一一月で、上巻の翻訳を終えたのが翌年の三月一日以前であるから、寒気厳しい一一月から二月まで自分を追い込んで、まさに必死で翻訳作業を続けたのであろう。そのような決意の背景には、先に述べた一七九〇年一一月の汚職事件では他の大通詞と同程度の刑に処せられたが、一二月の誤訳事件では他の者と比べてはるかに軽い処罰で済んだ、という経緯があったのではないかと推測される。吉雄耕牛と同じ五年の蟄居であるなら、定信からの翻訳の命が発せられることはない。五〇日の押し込めで済ませてくれたために翻訳ができることになった、その恩義に報いるという決意があって、良永は死を覚悟して翻訳に取り組んだのではないかと想像されるのだ。

本木家由緒書の本木仁太夫の条には、「(寛政三年)一一月、天地二球用法の書の翻訳を命ぜられ、これによって御褒美白銀十枚頂戴仕った。寛政六年(一七九四年)、病気のために、役務からの引退願を提出し、その通り認められた。しかしなお老衰となるまで仕事に励んで蘭学に打ち込み、格別に御用を勤めたこともあり、これを賞して御褒美白銀十枚下し置かれた。同年七月一七日病死。六〇歳」とある。

『太陽窮理了解説』その後

実は、本木良永が意を決して地動説を堂々と開陳した翻訳書は、幕府の書棚に止め置かれて一般にはあまり知られなかった。しかし写本はかなり流布したようである。それを最も正直に書いているのが司馬江漢で、彼は一七八八年頃から地動説に興味を示すようになり、とりあえず『地球全図略説』(一七九三年)で地動説を半信半疑で紹介した。その後、『和蘭通舶』で

「惑星」という言葉を使い始め、『刻白爾天文図解』において、「この編の全説（地動説のこと）は西洋の書にして、先に崎陽（長崎）の訳詞本木氏が翻訳し、私は頼んで閲読したのだが、刻白爾（本来はケプラーのことを指す言葉だが、江漢はコペルニクスの意味で用いている）の窮理、自転の説である」と、地動説を確固として信じるようになった経緯を述べている。ここに書いているように、本木良永の訳本を見て確信を持ったことがわかる。

江漢が一七八八年頃から地動説に興味を持ったらしいというのは、彼は一七八八〜一七八九年に長崎に旅行に出かけて面白い日記を残しており（『西遊日記』一八一五年）、そこに本木良永と会ったことを書いているからだ。江漢は一七八八年四月二三日に江戸を出てからあちこちに寄り道し、半年近くをかけてようやく一〇月一〇日に長崎に到着したのだが、さっそく「おらんだ大通詞吉雄幸作、同じく本木栄之進」を訪ねているのである。吉雄幸作（耕牛）は有名な長崎通詞だから、一応蘭学者仲間であった江漢がよく知っているのは当然としても、本木良永まで知っていたのには驚く。それ以前の、例えば『天地二球用法』を江漢は読んでいたのだろうか。

「両人は未だ役所より帰っていない。それ故に、かば嶋町の稲部松十郎宅へ行く。この者はおらんだ屋敷付役の者である。まずここで暫く滞留する。日暮れて吉雄・本木の二人が来た。また本木の息子の元吉もやって来た。話す」とあって、いろいろ懇談したのであろう。長崎に滞在中、江漢は吉雄耕牛宅へよく出かけており、医者であり天文学にも詳しかった耕牛の感化を受けたことは確かである。そのような関係もあって、その後江漢は良永の地動説を写本で見る機会があったと想像できる。

一方、思想家の三浦梅園も一七七八年に長崎に遊学し、吉雄耕牛の家で天球儀を見た。この頃には、地動説を前提とした模型が日本に入ってきていたのである。これに強い印象を得た梅園は、天の運行について興味を惹かれたのであろう、大坂にいる旧友の麻田剛立に地動説について問い合わせたが、剛立は地動説に強い関心を持たず、はっきりした答えが得られなかった。そのため、梅園もそれ以上追究することを断念してティコ・ブラーエの説に留まったらしい。地動説は「条理未だ考え得ず」と書き残している（『贅語』一七八九年）。

結局、本木良永の地動説を継承し、さらにその科学的根拠を明らかにすべく、科学的立場からニュートン力学に分け入ったのが志筑忠雄であった。実は、良永が「惑星」と名付けたものを、志筑は「緯星」と呼び続けたというように、良永と志筑には地動説に関して師弟としての関係はなさそうである。しかし二人は同じ外浦町に住んでいて、当然頻繁に行き来をしていたと想像される。同じ天文学に興味を持ち、言語論についても議論していただろうと推測できるのだ。

天文学史から言えば、本木良永によって地動説が明確に示され、司馬江漢によってそのイメージが人々に伝えられ、志筑忠雄によってニュートン力学と結びつけられ、そして山片蟠桃が無数の人間が住む広大な宇宙の描像へと想像を膨らませた、というのが江戸の地動説・宇宙論の煌《きら》めきの伝播《でんぱ》、つまり「江戸の宇宙論」の展開と言えるだろう。

志筑忠雄の仕事

長々と遠回りをしてきて、やっと志筑忠雄の仕事と向き合うことになった。遠回りをしたのは、志筑が生きた江戸時代後期の一八〇〇年前後における、蘭学を巡っての時代背景を押さえておきたかったためである。

志筑が残した著作物としては、オランダ語の研究書が一〇種、世界地理・歴史関係書が六種、天文学・物理学・数学関係の研究書が二一種と分類されている（鳥井裕美子「志筑忠雄の生涯と業績」、『蘭学のフロンティア　志筑忠雄の世界』所収）。失われた文献もあるようだが、これを見るだけでも彼が文系・理系の両分野に長けていたことがわかる。ただ生前に出版されたものはなく、彼の仕事はもっぱら写本を通じて蘭学仲間に知られたのである。言っておくべきことは、志筑は翻訳では、達者な語学の知識を基礎にしてしっかり中身を把握しているとともに、「忠雄曰く」とか「忠雄案ずるに」と注釈して、自分の意見や考えを、時には本文以上の長さで付け加えて理解の筋道を示していることだ。志筑は蘭語・蘭学の「第一人者」であるとともに、翻訳書であっても研究的態度・批判的観点を貫いて自分の意見を述べることを躊躇《ちゅうちょ》しなかったのである。

彼の作品の代表的なものを挙げると、まず第一に『蘭学生前父』や『和蘭詞品考』（一八〇一年?）など、日本で初めて西洋語文法の体系・品詞の概念を提起した著書がある。動詞・自動詞・代名詞などの品詞名や現在・過去・未来などの時制の名称は志筑の造語らしい。言語については、私はまったくの素人なので本書では取り上げない。

二つ目は、開国を迫るロシアなど緊迫する世界の情勢や国際事情・地理についての著作で、『万国管闚』、『魯西亜来歴（魯西亜志附録）』（一七九五年）、『二国会盟録』（一八〇六年）などがある。有名なのが、一六九〇年に出島に来たドイツ人ケンペルが著した『日本誌』から部分を抜粋して翻訳し、そこに注釈を加えた『鎖国論』で、「鎖国」という言葉を造語して以後の識者に強い刺激を与えた。これは（補論―1）で紹介する。

三つ目は、数学・物理に関する翻訳・著作で、三角関数に関する『鈎股《こうこ》新編』（一七八五年）や『三角提要秘算』（一八〇三年）、物理学・天文学関係では『求力法論』（一七八四年）や『度量考』（一八一二年）などがあり、一番数が多い。志筑忠雄は文理双方に詳しかったのだが、精力を傾けて取り組んだのが理系分野の著作であったことは確かである。

本書に関連するのは、オックスフォード大学教授のジョン・ケールが書いたニュートン力学の教科書、『天文学・物理学入門』のオランダ語訳（一七四一年刊）を翻訳した『暦象新書』である。志筑は、ケプラーの法則やニュートンの運動の三法則と万有引力の法則を数学的に理解した上で、引力・求心力・遠心力・重力・分子など多くの物理用語を生み出した。「真空」を近代科学用語として使い始めたのも志筑であった。

このように、彼は西洋で使われていて日本（あるいは中国を含め東洋）にはない概念や抽象名詞について、新用語を数多く案出して日本語（のみならず、科学の内容や科学思想）を豊かにしたのである。また、先に述べたように、ケールの著作が明示的でなく簡単に理解できない部分については、「忠雄曰く」として、自分の考えや解釈を述べて補っており、翻訳というより志筑忠雄のオリジナルな著作と言ってよい部分が多くある。彼の業績は今やほとんど忘れ去られているが、少なくとも日本で最初にニュートン力学を受容し紹介したという点は記憶されるべきで、日本の物理学史の重要人物なのである。

彼は天動説・地動説という言葉を発明した。西洋では地球・太陽のいずれが宇宙の中心にあるかに着目して、それぞれを地球中心説・太陽中心説と呼んでいた。空間の唯一の点である中心を地球あるいは太陽のいずれが占めるかを示すのだから、絶対的な視点からの呼称である。これに対し、志筑の天動説・地動説という呼称では、どちらが動いているかを表しているだけだから、優劣がつかない相対的な視点と言っていいだろう。一神教の西洋では、中心を占めて動かない絶対神の位置を重視するのに対し、絶対的な神を持たず八百万《やおよろず》の神が遍在する東洋では、どちらが動いているかに着目していると言えようか。西洋と東洋の視点の差異として興味深い（なお、儒学者の帆足万里《ほあしばんり》〈一七七八〜一八五二〉は、その著作『窮理通』〈一八三六年未定稿、死後の一八五六年一部刊行〉で、地球中心説＝天動説を「静地説」、太陽中心説＝地動説を「静日説」と呼んでいる。動かない〈静かな〉ものが地球か、太陽かを弁別する視点で、動くものに注目した志筑とは正反対の発想と言える）。

後に述べるように、よく読めば志筑は地動説に旗を上げているのだが、それでは幕府や当時の人々の常識である儒教思想に基づく天動説に歯向かうことになるので、トーンを弱めて曖昧な表現に終始している。「此にて動とすれば彼にては静とし、此にて静とすれば彼にては動とす」というふうに、地球と太陽の座標変換の問題に過ぎないのだから、天動・地動の是非は論じられないとしたのである。太陽系のみに限定して見る限りでは天動・地動のいずれでも同等であるのだが、さらに大きな宇宙の場で考えると地動説が正しい。宇宙全体を俯瞰《ふかん》すれば、不動の恒星が点々と宇宙空間に散らばり、その周辺を惑星が回っているという描像、つまり地動説の立場にならざるを得ないからだ。そのことを知りながら志筑はあえて述べなかったのであろうが、やはりより大きな観点からの議論を展開して欲しかったとは思う。

一方で、『暦象新書』の最後（下編巻之下）に所載されている「混沌分判図説」が面白い。これはケールの原本にはないもので、志筑忠雄のオリジナルな所論がそのまま提示されている。宇宙の構造は永遠のものではなく、始まりがあり、時間とともに形が変化していくという見地から、具体的には、何ら実体がない「混沌」の状態から、恒星や惑星や衛星や隕石《いんせき》など諸々の天体に「分判」する（分かれていく、分裂する）過程の試論を提示しているのだ。いわば天体進化論・宇宙の構造形成論の試みと言える。この課題は、まさに現在の宇宙論で議論している、ビッグバン後の宇宙における銀河や初代の星形成の問題と基本的に同じである。志筑は太陽系の形成の問題を純粋な力学概念だけで説明しようとしたと言ってよいだろう。

これは生成・進化する宇宙観を提示しようとしたという意味で、カント・ラプラスに匹敵する先進的な業績と言える。というのは、カントの星雲説（太陽系を作った星雲は、初めはゆっくり回転するガスの塊なのだが、収縮するとともに回転を速めつつ、中心の太陽と周囲の惑星を形成していく過程を論じた世界最初の太陽系形成のモデル）は一七五五年、それをより精密にしたラプラスのモデルが一七九六年であるのに対して、志筑が太陽系形成論に関する「混沌分判図説」を構想したのは一七九三年のようで、ラプラスより早いのである。しかも完全に独立した独自のアイデアに基づいているからだ。むろん、志筑のニュートン力学全般の把握には限界があり（例えば、角運動量保存則を知らなかった）、カント・ラプラス説に比べれば不十分なところが見受けられるが、科学的土壌が希薄な日本であるにもかかわらず、ここまで考察を深めた内容を提示できたことは称賛に値するのではないだろうか。

以下では、『暦象新書』の内容を、彼が遺った日本語に注目してたどることにする。物理学の書物を初めて翻訳するのだから、専門用語だけでなく、学問の方法や考え方についての日本語も発明しなければならなかった。志筑がニュートン力学そのものの真髄を捉えようとして、工夫した独特の表現が読み取れる。志筑の涙ぐましい努力とともに、彼の翻訳がいかに先進的であったかをまとめてみたい。

2―2　『暦象新書』と無限宇宙論

『暦象新書』の紹介

『暦象新書』の最初に、志筑自身が書いた「西域天学来歴」と題する、西洋天文学の来歴について述べた解説がある。その冒頭において、この書はイギリス人のケール（日本語の表記は「奇児」）という人が著した天文学の書であり、古来の「天を動とし地を静とし、地を天の中心とする」説とは異なり、この書では「天を静とし、地を動とするのみならず、地球の外に幾多の世界がある」との理を述べている

と、地動説と多世界宇宙を主張した本であると明快に紹介している。志筑は地動説だけでなく、宇宙空間に大きく拡がる多様な世界という描像に大いに魅了され、是非とも日本に紹介したいとの思いで、この本の翻訳に勇んで取り掛かったのであろう。その心意気がよくわかる文章である。『暦象新書』本編でも、ケールの主意と志筑の思いが一致したような訳文が多くあり、次項以降で引用する訳文においてそのような部分は二人の意見を区別せずに解説した。

続いて志筑は、天動説に基づく天文学の歴史を簡単に要約した後、

コペルニクスという者が出現して、極めてその学（地動説）に上達し、熱心に旧説（天動説）の非を論じ、明らかな証拠を用いて議論を進め、長年の謎を決することができて、旧説を打ち捨てることになった

と、地動説が唱えられるようになった経緯を要約している。そして、「ケプラーが天動一斉の数理を発明」し、「ニュートンが万動一理に帰することを説く」との簡潔な表現で二人を紹介している。「天動一斉」とか「万動一理」といった表現で彼らが見出《みいだ》した物理法則を説明しており、天の運動は一つの理に従っているとの極めて巧みな言葉遣いに感心する。その上で、「いずれも名人なり、別してニュートンを古今独歩の達人とす」と述べ、力学法則史を見事に集約している。『暦象新書』は、このように志筑が発明した日本語の巧みさや豊かさによって、通常の翻訳書とは異なった独特のものとなっており、一読の価値がある。

『暦象新書』の構成

簡単に、『暦象新書』の概要を述べておこう。同書は大きく『暦象新書上編』（以下『上編』）、『暦象新書中編』（以下『中編』）、『暦象新書下編』（以下『下編』）に分かれ、その各々に「巻之上」「巻之下」及び「附録」があるという内容で、『上編』においては、惑星運動の詳しい説明を行いつつ地動説から無限宇宙論へと議論をつなげていき、『中編』と『下編』で、ニュートン力学についての概説から物体の運動学・力学についての解説を行うという構成である。力学の法則を丁寧に解説しており、ニュートン力学の入門的教科書として実に懇切丁寧である。そして、『下編』の最後に「混沌分判図説」が付け加えられており、本書の主題の一つである志筑忠雄の無限宇宙論に関する独自の仕事の真髄がそこに示されている。

本書では志筑の地動説・無限宇宙論に関わる部分のみをピックアップしてもよいのだが、彼が苦労して日本に力学理論を紹介しようとしたことを見ておくために、力学法則の解説に関連する部分も併せて紹介する。ニュートン力学を日本に紹介するにあたって、誰もが理解できるように、志筑がいかに言葉を選んで翻訳したかがわかるからだ。

実際そのことは、志筑が付けた最初の注釈である『上編』の「凡例」において、

> 私（志筑忠雄）は一箇の舌人（通詞）であるに過ぎないから、蘭書の大意を解することはできるけれども、浅見薄聞で、和漢の典籍に暗いので、天学がいかなるものかを十分に知っているわけではない

と、謙遜した言葉で翻訳にかかる姿勢を表明していることから推測できる。おそらく当時は、いかなる書においても、日本の古典や中国の書籍などから文章を引くことが当たり前であったことから、あえて「和漢の典籍に暗いので」と言っているのであろう。そして、

ただ訳文が下手なため、読む人が原文の意を詳しく理解することが困難であることを恐れるので、やむを得ずいくつか自分が聞いたことを交えて語る

と付け加えて、訳文を補うために、志筑自身の意見・解釈・理解・思案などを述べると断っている。通常の忠実な訳書ではなく、多数の註を加えるとともに、新しい日本語を訳文として使用していて、志筑の著書同然であることを最初に宣言しているのである。以下では、彼が採用した科学用語としての日本語を軸にしながら、天文・宇宙の話題をどのように展開しているかを見ることにしよう。

「視動」と「実動」

「視動」とは「見かけの運動」、「実動」とは「実際の運動」のことであり、その間に相違があることを志筑は「視実相反の動」と呼ぶ。そもそも天文学は、星の位置や運動を観測によって見る（視る）ことから始まる。その際、星の見たままの動きである「視動」と実際の動きである「実動」とが異なるのが通例で、これが「視実相反の動」である。

とりあえず自分たちの目の位置が宇宙の中心であるとして、その目に映った動きである「視

視動と実動

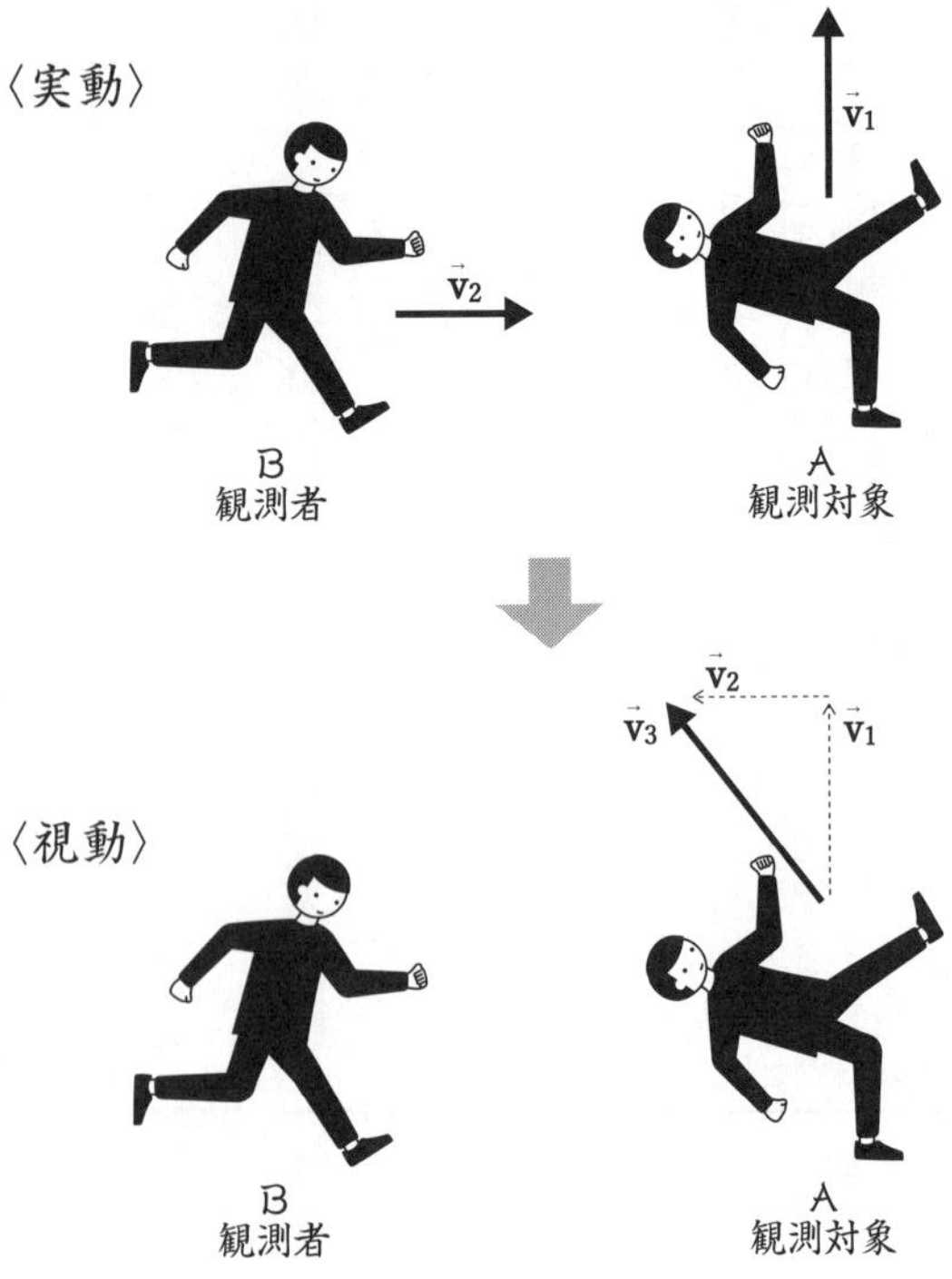

例えば、A(観測対象)が上方向に移動しており、B(観測者)が右方向に移動しているとき、BからAを見ると、Aは左上方向に動くように見える。これは当然ながら、Aの実際の動き方とは異なる。

Aの速度を$\vec{v}_1$、Bの速度を$\vec{v}_2$と表すと、「Bから見たAの速度」$\vec{v}_3$は以下の式で示される。

$$\vec{v}_3 = \vec{v}_1 + (-\vec{v}_2)$$

動」を観測によって明確にする。その上で、観測者たる自分の位置（どこから見ているか）と観測者自身の運動（どう動いているか）を知って、「視動」を「実動」に直すことになる。太陽系における地球の位置と地球自体の運動、それらを知らなければ惑星の正確な「実動」が求められないというわけだ。

「心遊の術」

「心遊の術」とは、自分の心を遊ばせて、あれこれの立場になって想像するということである。人の体は重力によって地上に縛り付けられているが、知覚する心は自由自在に動くことができ、心の想像力によって思うがままに視点が変えられる。これによって天に遊ぶことも可能になるので、「心遊の術」と名付けたらしい。

「心遊の術」を使って目の位置を太陽を中心とする系に移動させてみよう。そうすると、六星（地球と五つの惑星）の動きについて、「太陽に近い惑星ほど速く巡り、遠いほどゆっくり巡っている」というふうな規則性が存在することがわかる。このことから、太陽が六つの星の中心にあるとするのが正しいと言える。

視点を太陽中心に置いたまま、恒星の運動を見ても不動のままであり、各々は各場所に止まっている。地球を中心に置いて見ると恒星天球が回っているように見える（視動）が、これは地球が極軸の周りを自転している（実動）とすれば簡単に説明できる。また、従来は地球は動かないとして太陽が黄道を一周すると考えられてきたが、太陽中心に視点を移動すると、逆に地球が太陽を巡って一年で一周公転していることがわかる。

このように「心遊の術」で視点を地球と太陽との間で交互に移して視ることで、静止した恒星天球を背景に地球の自転や公転運動をすっきり導き出せるのである。

「大不斉」と「小不斉」

五つの惑星の運動を地球より見れば、進んでは止まって逆向きに動き（逆行）、やがて止まって再び進み（順行）、また止まって逆行するというような「大不斉」がある。それとともに、あまり大きな変化ではないが、軌道運動が速くなったり遅くなったりする「小不斉」もある。この二種類の不規則性の由来を、やはり「心遊の術」を使って考えてみよう。

地動説の立場では、太陽を中心にして惑星の軌道運動は常に一定の方向に進んでいるのだから、逆向きの変化（逆行）をするはずがなく、地球だけが動かない（止まる）ということもないはずだ。

そこで、中心の太陽に視点を置いて、すべての惑星が同じ向きで動いていて、その速さが異なっていると考えてみよう。太陽系の内側にある地球の方が外側の火星・木星・土星より速く

順行と逆行

惑星は、通常の動き方（順行）から
急に向きを変えて、反対の方向へ
動くように見えることがある（逆行）。

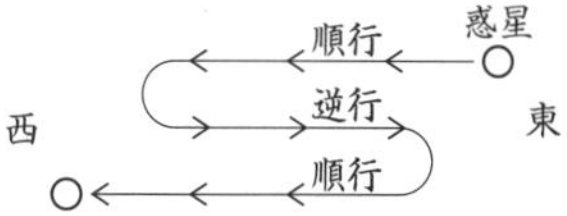

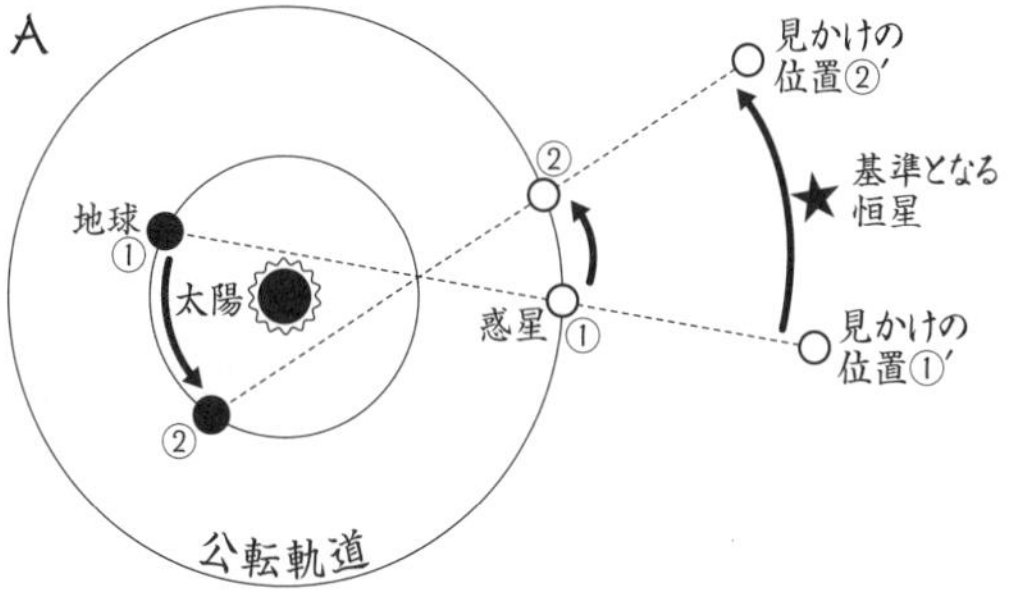

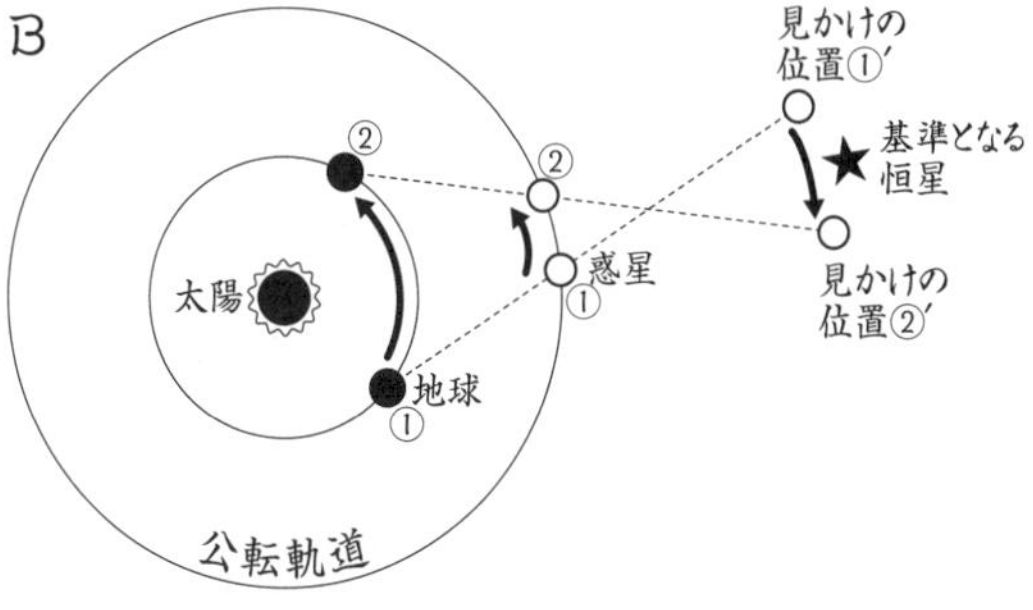

A図のような位置関係にある場合とB図の場合とで、地球と惑星がそれぞれ
①から②へと動いたときに、惑星の見かけの位置①′と②′の動き方は
逆になっている（Aでは反時計回り、Bでは時計回りに移動）。
これが惑星の「逆行」が生じる原因。

視差

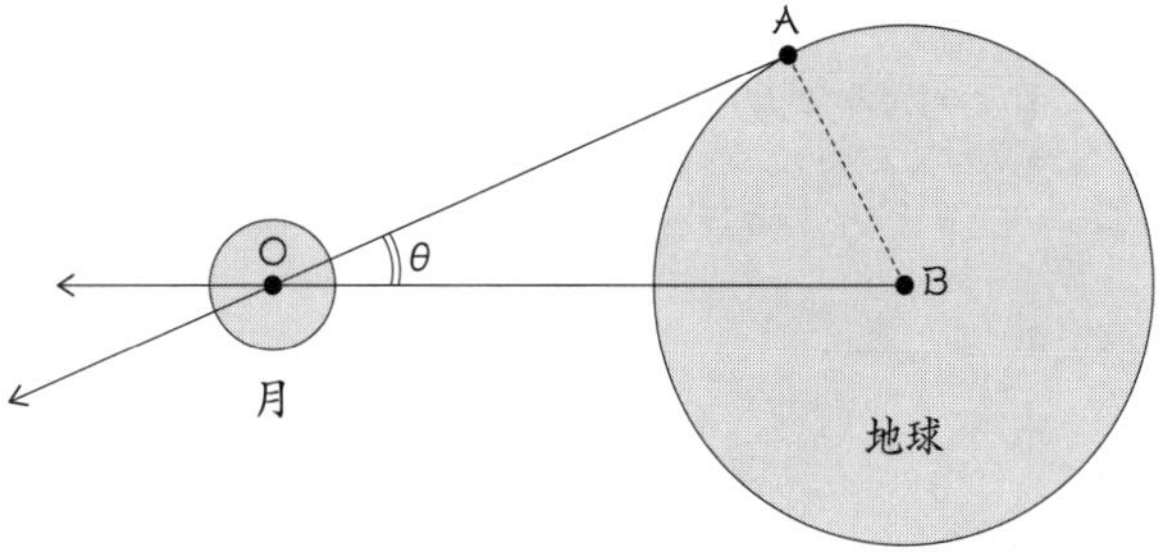

視差θとは、対象を地上（A）から見たときと、
地球の中心（B）から見たときの角度の差分。
月の場合、θはおおよそ1度となる。なお、1度=60分であり、1分=60秒。

回っているから、地球がこれらの惑星を追い抜くようなときがあるだろう。そのとき、地球から視ると惑星は逆行するように見えるのだ。つまり、「大不斉」である逆行は、実際に惑星が逆向きに運動するのではなく、見かけの運動だから「視動」に過ぎないのである。他方、「小不斉」の不規則運動は、後にケプラーの法則で示すように「実動」である。

「視差」

ここで志筑は、「視動」と「実動」と類似する概念として、「見かけの大きさ」と「実際の大きさ」の差異について語る。月と太陽は、日食のときに互いにぴったり重なるのだから、見かけはほぼ同じ大きさに見える。しかし、実際の大きさは大きく異なっている。地球から太陽と月までの距離が大きく異なっているからだ。

地球の表面（地上）から天体を視たときと、地球の中心から同じ天体を視たときの角度の差分を「視差」という。天体が近くにあれば視差は大きく、遠くにあれば視差は小さくなる。だから視差を測ることによって天体までの距離が推定できる。

火星が地球に接近したときの視差は二〇秒ほどであり、月の視差は一度である。その角度の比（二〇秒と一度＝六〇分＝三六〇〇秒の比）から、月までの距離は火星までの距離の一八〇分の一となる。月までの距離は惑星までの距離とはまったく異なって、非常に近いことがわかる。視差の大きさで月と惑星の区別がつくのである（当時は太陽の視差約八・八秒を測定できなかったので、ここでは書かれていないが、太陽までの距離は、月までの距離の三六〇〇／八・八、つまり約四〇九倍となり、約一・五五億kmと概算できる）。

「事に帰一の理あり」

「事に帰一の理あり」とは、「さまざまな事柄を煎じ詰めると一つの理屈に帰する」という意味である。七星（六惑星と月）の運動・進退・遅速・位相変化は複雑極まりないように見えるが、これらはすべて一つの「理」に基づいている。理論的には単純な考察で惑星運動の「実動」がわかるのである。

例えば、金星は太陽の周囲を巡っていて、太陽の下にあったり上にあったり、太陽の前にあったり後ろにあったりする。また満月のように見えたり、新月のように見えたりもする。このことから、金星は太陽の周りを月と同じように回転運動をして位相を変えていると推定できる。これが金星の「実動」である。金星が太陽からいくら離れても角度にして四八度以下で、それ以上にはならないから、地球は金星より外の軌道をとっていることがわかる。水星の位相変化や運動も金星とよく似ており、太陽から離れる角度は金星より小さいことから、水星は金星よりさらに内側にあると推定できる。

火星の場合、太陽と火星の間に地球が割り込むことがあるから、火星が地球より外の軌道をとっていることがわかる。また、火星がいつも真ん丸に見え、新月のように真っ暗にならないのは、火星の軌道が地球から見て太陽の外にあって、太陽に遮られず、いつも全体が見えるためである。さらに、火星が（金星のように）太陽面上を通過したことがないことも、火星は地球より外にあることを示している。

一方、火星と地球が向かい合うくらい近くにあるときの火星の視直径（両端の見かけの角度）は、太陽を挟んで見るときの四〜五・八倍にもなる。もしも火星が地球を中心として回っているなら、火星が地球のこちら側と向こう側にあるときの火星の視直径の比（＝地球と火星の間の距離の比）がこんなにも大きくなることはないから、太陽を中心として回っていると考えなけ

金星と火星の視動・実動

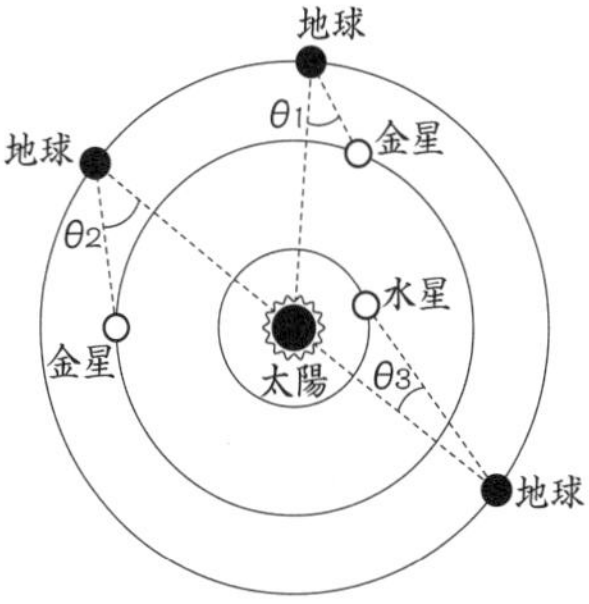

金星は地球よりも太陽に近いため、太陽とどのような位置関係にあるときでも、地球と金星がなす角（$\theta 1$、$\theta 2$）は比較的小さく、48度以下となる。水星はさらに太陽に近いため、地球と水星が太陽との間になす角$\theta 3$はより小さくなる。

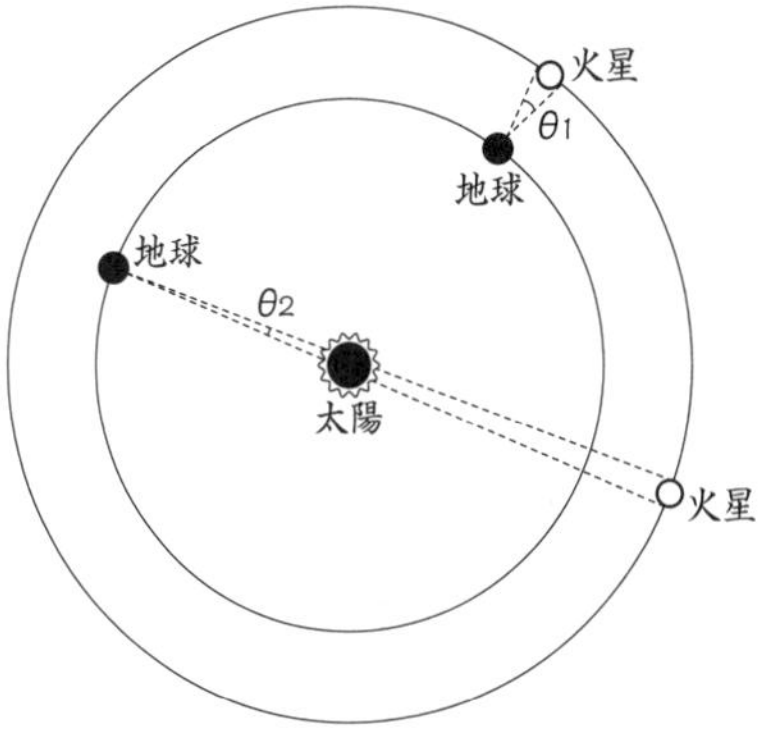

火星は地球よりも太陽から遠いため、
位置関係によって視直径（$\theta 1$、$\theta 2$）の差が大きい。

ればならない。土星・木星もまた火星と同様だから、三つの星の軌道は皆太陽を中心として地球の外を回っていると推定できる。

以上のように、簡単な「理」からすべての惑星が太陽を中心として回っていること、つまり地動説に「帰一」できることが明快に示せるのである。

「諸天一貫の法」

「諸天一貫の法」とは先に出てきた「天動一斉の数理」と同じ意味で、「すべての天体の運動に一貫している法則」のことである。また、「衆動帰一の訣（奥義）」とも言うことがあるが、これは「万動一理に帰する」と同じで、「諸々の運動が一つの理に帰する根本法則」のことである。いずれも物体（天体）の運動には一つの「根本法則」が貫かれていることを意味する。

この根本法則とは、「惑星が軌道を一周する時間（周期）の二乗は軌道長半径の三乗に比例する」というケプラーの第三法則（二二九〜二三〇頁で詳述）のことである。初めケプラーが六つの惑星の運動について発見し、その後惑星に付属する衛星の運動も同じ法則に従っていることがわかった。

この根本法則はティコ・ブラーエの詳細な惑星の観測データをケプラーが整理して見つけたのだが、なぜ成立するのかについては明らかにできなかった。ニュートンが地上のりんごの運動から重力（万有引力）を見出し、広く天上世界に適用して初めて、この法則を説明することができた。この根本法則によって万有引力が距離の二乗に反比例することを導き出したニュートンの業績は、科学の新時代を拓いた画期的なものであった。その意味で志筑は、これを最大限の賛辞のつもりで「諸天一貫」、「衆動帰一」、「天動一斉」、「万動一理」と、さまざまな用語を使って呼んだのである。

ケプラーの第一法則と第二法則

惑星運動に関するケプラーの第一法則と第二法則は、「惑星は中心（正確には楕円の二つの焦点のいずれか）にある太陽の周りを楕円運動しており」（第一法則）、「その軌道運動の速さは面積速度（太陽と惑星を結ぶ線が単位時間当たりに掃く面積）が一定」（第二法則）と簡単に表現できる。

そうすると、太陽から最も「遠い」（遠日点、志筑は「最高点」と呼んでいる）ときに惑星が極めて「遅く」動き、太陽に最も「近い」（近日点、志筑は「最低点」と呼んでいる）ときには極めて「速く」動けば、太陽からの距離と惑星の軌道運動の速さの積である面積速度は一定になる。

つまり、遠日点（最高点）で最も遅く、そこから近日点（最低点）まで速度を上げていくことになるので、これが（最高点から最低点へ）「降りる」ことに対応し、逆に最低点（近日点）から最高点（遠日点）までは速度が下がっていくので「昇る」ことになる。これは志筑の言葉の工

ケプラーの第一法則

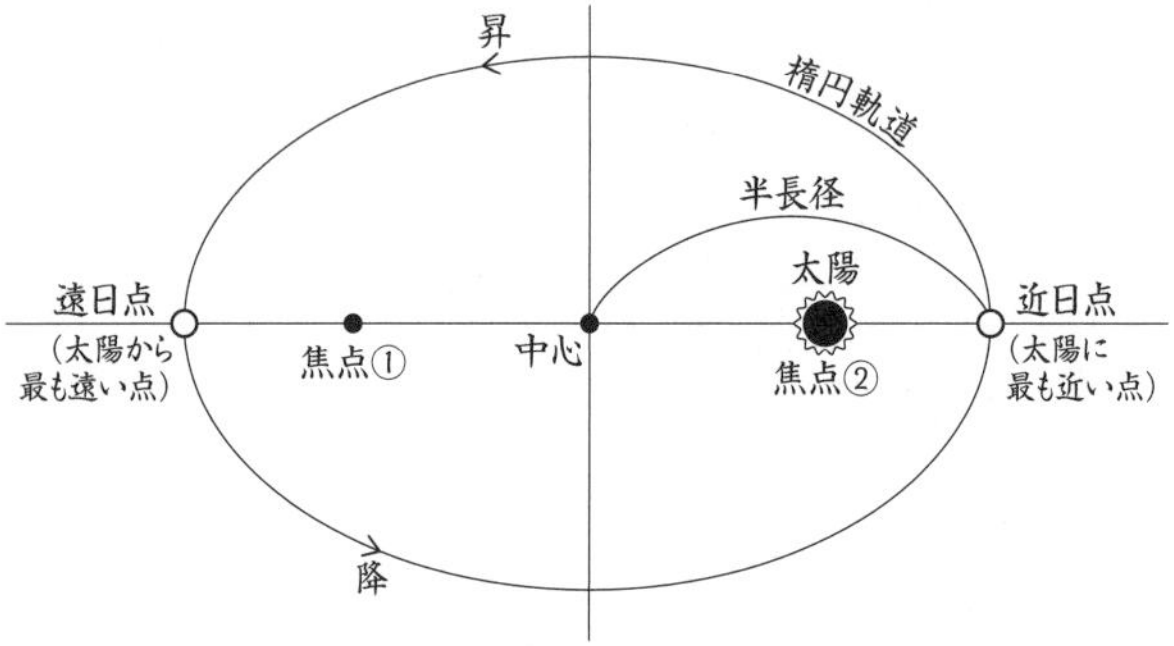

惑星は2つの焦点のうちいずれかが太陽となるような楕円軌道を描く。

ケプラーの第二法則（面積速度一定の法則）

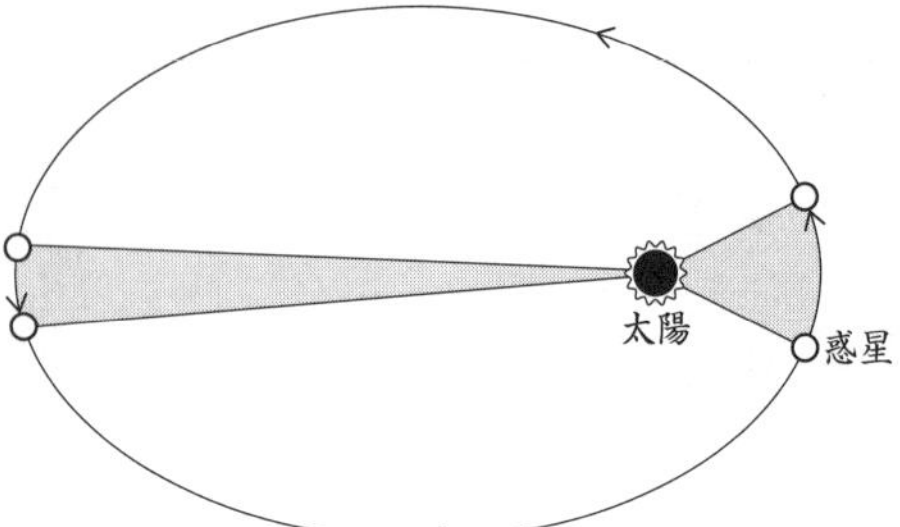

惑星と太陽とを結ぶ線分が一定時間のうちに描く面積
（たとえば図の灰色の部分）は常に等しい。
→惑星は太陽に近いときには速く、遠いときには遅く動く。

夫で、「近日点と遠日点」と「昇ると降りる」、そして「遅くなると速くなる」を対応させて説明しているのである。惑星運動は、このように近遠→昇降→遅速→近遠……を繰り返しており、それが運動の「小不斉」（速度が一定せず不規則になる）の根源というわけだ。そのため、この軌道運動の速さが変化する「小不斉」は「面積速度＝一定」の法則に従っているのだから「実動」なのである。

恒星天までの距離

志筑は、自問自答の形で、恒星天までの距離がいかに大きいかについて、その距離を測る方法を提案している。

（自問）中国の書の『天経或問』には、恒星天は七曜天（五星と月と太陽）の上より遥か遠くにありと書かれている。土星は太陽から遠く離れていて、その光は極めて微弱であるが、天狼（シリウス）・大角（アークトゥルス）・織女（ベガ）のような恒星は、土星天よりさらに遠くにある。それにもかかわらず、土星よりずっと明るいのはなぜか？

（自答）五星は「仮光」（反射光）であり、恒星は「真光」（実際の輝き）であるからだ。

年周視差

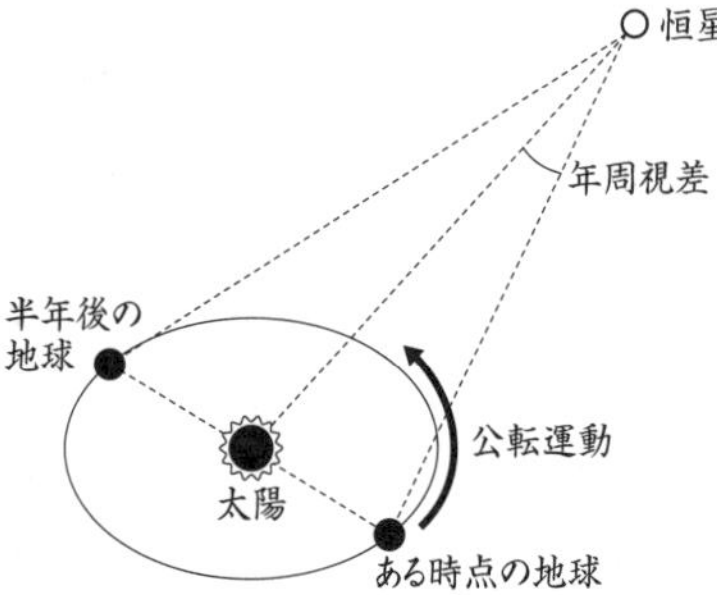

地球の公転運動のために、見かけ上の天体（恒星）の位置が変化する。
これにより生じる角度差を「年周視差」という。
年周視差がわかれば、当該の天体までの距離が求められる。

と、答えは至って簡単である。そして、天体までの距離を測る方法である「年周視差」について解説する。

地球が太陽の周りを公転するために、半年のうちに軌道の直径分だけ地球の位置が移動することになる。地球の公転軌道上で半年分だけずれた二点からの天体の観測によって生じる視差（天体への視線方向で半年の間に生じる角度差）が「年周視差」である。私たちが、離れた所にある物体を二つの目で視て角度差を測って、距離の見当をつけているのと同じ理屈である。その二つの目の位置として、地球の公転軌道で半年分だけずれた二点が最も離れているから、最大の年周視差を得ることができるのである。

地球の楕円軌道の長軸の半分を、そうして得た年周視差の正弦で割った値が天体までの距離になる。ところが、西洋の優れた観測によっても、当時年周視差は小さ過ぎて検出できなかった。太陽に最も近い恒星であっても、地球から太陽までの距離の何万倍にもなるから年周視差は一秒角以下であり、当時検出できる年周視差の大きさは高々一分角だから、測れなかったのだ。それほど恒星は遠い、つまり宇宙は大きい、と志筑は強調したかったのだろう（実際に星の年周視差が測定されたのは一八三八年のことで、ドイツのベッセルがはくちょう座六一番星についてわずか〇・三一四秒角の視差を検出したのであった〈人工衛星を用いた最近のデータでは、〇・二八五四七秒と報告されている〉。志筑の頃は一分以上でなければ視差の測定ができず、恒星までの距離は下限値しかわからなかった。言い換えれば、志筑の時代は宇宙が想像を絶するくらい大きいことを思い知らされる時代であったのだ）。

「無限宇宙論」の提示

これまで見てきたことから得られる宇宙像をまとめると以下のようになる。

恒星と太陽が同類であることは明白で、宇宙には無数の太陽が存在していて、広大無辺の空間の彼方まで散らばり広がっている。それは、まるで水中に粟粒をばらまいた様や、空気中に無数の塵が浮かんでいる姿に似ており、そこに存在する太陽は数え切れないというものである。ここにおいて、無数の太陽が広大無辺の空間に点々と散らばっている宇宙像、即ち無限宇宙が提示されたことになる。むろん、ケールにとっては、この無限宇宙の描像は当然であっただろう。ニュートンが「無数の星が分布する宇宙が万有引力で潰れないためには、宇宙は無限でなければならない」と主張したからだ。もし有限の宇宙なら、星同士の間に働く万有引力のために中心に向かってすべてが収縮し、宇宙が潰れてしまうとニュートンは考えたのである。潰れない宇宙のためには無限でなければならない、と。

重要なことは、ケールの著作に導かれてのこととはいえ、志筑自身が無数の恒星とそれに付属する惑星が存在するという宇宙像に、論理的に、必然的に、到達したということである。というのは、志筑は次のような疑問を呈しているからである。

はるか遠くの恒星天から見るなら、距離が遠過ぎて、そこに惑星があってもその年周運動は検知できないであろう。では、どのようにすれば他の恒星に地球や五星のような惑星が付属していることが証明できるのか?

つまり、志筑は、恒星に惑星が付属していることを当然とし、そのような惑星の存在をどのようにして確認できるかを問題にしているのだ。

実は、江漢も似た無限宇宙論を抱いていた（例えば『和蘭天説』、『和蘭通舶』）ことは確かだが、それはいわば芸術家の優れた想像力・直感によって到達したイメージであった。これに対して、志筑のものはケールの推論を一歩ずつ確かめ積み重ねることによって獲得し得た科学的な描像である。だからこそ、宇宙の彼方から地球（太陽系）を眺めてみれば惑星の動きは検出できないだろうか、私たちの存在そのものが他の星の住人たちには気づかれないのか、と自問したのである。司馬江漢流の捉え方では、このような発想は持ち得ないことは明らかであろう。

いかなる科学の理論も「予言性」を持ち、それが実証されねば真の理論にはなり得ない。志筑は惑星を伴った恒星が現実に存在することを予測し、それを具体的に立証する手立てを考えたのである。まさに「心遊の術」の面目躍如なのだが、志筑がこのような疑問を持ったのは天文学の見地からも実に先見的であったと言える。というのは、宇宙論に関わりなく、恒星には惑星系が付属していることは今では星形成理論から必然と考えられており、私たちの銀河系内の恒星にいかなる方法で惑星系を見つけ出すかは、天文観測における重要な課題であるからだ。しかし、恒星は遠くにあって惑星は暗過ぎて検出できない。そのため、志筑の疑問は長い間解かれないままであった。時代に先駆ける難問を出すことができた志筑の慧眼《けいがん》の偉大さを称《たた》えるべきであろう。

なお、志筑がこの疑問を提示してから二〇〇年近く経った一九九五年になって、ようやく太陽系以外の、恒星の周りを回る惑星を検知することに成功した。恒星の周りを回る惑星は小さいながらも恒星に重力を及ぼしているから、その重力によって恒星の位置はごく小さく揺れる。その極めて小さな星の揺れ（揺れ幅は一〇秒角以下）を捉える（星の位置の高精度の決定による）ことに成功したのである。また、惑星が地球と恒星を結ぶ視線上を動くとき、惑星がほんの少しだけ中心の恒星を隠すから、恒星の明るさがわずかに減少する効果をも捉えることができるようになった。月が後ろの太陽を隠す日食と同じ現象である。このようなごく微量の変化が検出できるようになって初めて、系外惑星の存在が確認できたのだ。二〇〇年近くも前に志筑が提示した疑問がやっと解決されたことになる。この発見の功績に対して、二〇一九年のノーベル物理学賞が授与された。現在では、人工衛星を用いた系統的な観測によって、四〇〇〇個以上もの惑星が発見されている。

無限宇宙、そこにおける惑星の存在は思弁の産物でしかないように思えるが、実は宇宙についての考察を続けてきた結果として必然の帰結である。『暦象新書』のここまでの議論は、次章で語る山片蟠桃の想像力を刺激して大宇宙論に連なるのだが、肝心の志筑はここに来て、さらに思索を重ねて踏み込んでいくことを躊躇してしまうのである。

志筑の躊躇

以上が『上編』の主な内容で、志筑は原文に忠実に翻訳しており、書かれていた内容をそのまま受け入れたかに見える。ところが、当時の主流であった儒学（朱子学）の陰陽五行説や理気論（宇宙の存在原理である理と、物質としての気の二元論）の立場を捨てきれない志筑は、以下では西洋説を採るか、中国伝来の儒教の説を採るかの悩ましい議論を展開する。例えば、志筑はとりあえず、

ヨーロッパの説に、恒星はつまり太陽であり、太陽は皆不動である。五星と地球とは同じ種類であって、各々太陽を巡り、かつ自転している。地球の公転によって太陽は右旋し、地球の自転によって天体は左旋する、との論がある

と、西洋の宇宙論や地動説を正確に把握した上で簡明に紹介する。しかし、

これはすべてヨーロッパ人が唱えたもので、古今の和漢の人間の所説とは異なっている。天は陽、地は陰、動は陽に属し、静は陰に属する。もし地球が動くとすると、陰陽（乾《けん》

坤《こん》）の理屈に反する

と、西洋の説が朱子学の静動＝陰陽＝天地＝乾坤の説と矛盾すると述べる。地動説と陰陽五行説とが食い違っていることは、あきらかであるからだ。

和漢の所説を採れば西洋人の説を棄却しなければならないが、西洋人の言は、詳しく丁寧に述べられ、しっかりと物事の数理を極めていることを見れば、真実の論ではないと言えない

と、志筑は西洋説を捨てきれない。他方で、

西洋人の論は未だ不十分なところがあるため、古人の論と合わないのかもしれない。あるいは、古人が知らないことがあったため、地動説にまで及ばなかったのだろうか

と述べ、西洋説・和漢説のいずれに問題があるのかわからないと悩むのである。そこで捻《ひね》り出した苦肉の策は、二つの説を何とか折り合わせるために、屁理屈をつけて両論が共存できるよ

う手を尽くすことであった。その手法は、

> 西洋人の地動説は確かであって、古人が唱えてきた天動説は間違っていると言うべきだろうか。そうではない。岸から見れば舟は行き、舟から見れば岸が移動する。馬に乗っていると風が来て顔に当たり、風から見れば顔が移動して風にぶつかる

というもので、地動説・天動説は単に相対的な見方の差異でしかないと決めつけるのである。

つまり、

> 天から見れば、地が転じ、太陽から見れば、地が回る。地から見れば、天も太陽も動いていないとは言えない。「全動は全静に外ならず、専静はやはり専動のごとし」と言うではないか。とすれば、動は動と静の間に生じるものだから、動が地球であると言ってもよいし、天であると言ってもよい。天動の説が間違っているとは言えないのである

と、いわば座標の取り方（「心遊の術」における視点の位置変化）次第で、天動説も正しいと強弁するのだ。その挙句が、「地動・天動、いずれかを是とし、いずれかを非とせん」との強引な

論なのである。確かに太陽系に限れば、地動説と天動説は相対的で「いずれかを是とし、いずれかを非とする」ことはできない。しかし、宇宙スケールまで拡大すると地動説に軍配を上げなければならないことを志筑は忘れているのである。

志筑は、出発点では地動説ですっきり惑星運動を説明し、恒星が点々と分布する無限宇宙論にまで到達したのだから、天が動くということにはならないはずである。しかし、その立場を貫くことができず、陰陽五行説との妥協を図ろうとしたことは、なんとも残念である。時代が課した限界というものだろうか。苦肉の策を無理やり強弁する強引さが感じられて微笑ましくもあるのだが……。

この志筑の態度を、「西洋への畏敬の念と反発・対抗心、東洋の伝統・智慧への強烈な自負心があった」「偏狭な東洋主義、日本主義とは位相を異にする」との解釈があるが（鳥井裕美子「志筑忠雄の生涯と業績」）、それは買い被《かぶ》りというものだろう。やはり志筑は科学が市民権を得ていない時代において、真正の科学者に徹しきれなかったというのが正しいのではないか。

ニュートン力学の紹介

これまで（『上編』）は、主として天文・宇宙に関連する内容であったが、以下（『中編』『下編』）ではいよいよ窮理学（科学、物理学）の基礎を成すニュートン力学の紹介になる。志筑はケールの文章を忠実に訳していて、特に目新しいところはないので、物理学の本質に関わる部分のみを拾い上げよう。

まず、志筑は『中編』の「凡例」で、この翻訳においては、

接線・正弦などの名前や数比例の文法の多くは中国の古典である『暦算全書』から採用した。この『全書』の文と西洋の書の文がよく一致しているためである

と、漢書に頼った部分を明かすとともに、「引力・重力・求心力・遠心力・動力・速力などの呼び名は、私の義訳である」と、力学に使う専門用語を創らねばならなかったことを述べている。例えば、

弾力は論じやすくするための造語で、原文はヘールカラフトと言い、カラフトは力、ヘールは鉄を鍛えて延ばして巻いたものを意味する。よく物を弾ずる（はじく）力であるため弾力と呼んだのである

と解説しているように、中国にも日本にもなかった概念や物理量を表現する言葉を考え出すのが大変であったことがよくわかる。

そして、これから物体の運動の理論の解説に向かうにあたって、少々難しくなることを予告し、

旋輪体動法（ホイヘンスの波動の伝播理論）とか赤道遠心力張本（赤道面での振り子の遠心力と張力の釣り合いの理論）などは、初学者には難解だろう。もし理解が難しければ、その文章を別紙に写し、すべてを分けて書いた系図とし、線で結んで互いに結びつくところを明らかにしてから数理に向かうのが良い。このようにすれば、ずっとわかりやすくなるだろう

と、学習法を示しながら勉強を続けるよう励ましていて、なかなか優しい先生である。と思いきや、

その努力をせずに、ただわからないと言って何もしない者は、天文学を学ぶ能力がなく、これから一緒に「動静の微理（運動の詳しい理論）」を論じることはできない

と付け加えていて、努力をしない人間に対しては手厳しい。それは、翻訳を続けていく志筑自身の姿勢を反映していると言えそうである。

以下、志筑が苦心して編み出した訳語の解説に沿う形で、『暦象新書』における力学理論の解説を追いかけていこう。

「常静常動」:ニュートンの運動の第一法則

ニュートンの運動の第一法則は、「外力が働かなければ、物体は静止し続ける（常静）か、一定の速度で運動をし続ける（常動）」という言明だから、第一法則を「常静常動」と呼ぶのは実に巧みな命名と言うべきだろう。なお、よく知られているように運動の第一法則は、今日では「慣性の法則」と呼ばれている。

「加力変速」:ニュートンの運動の第二法則

ニュートンの運動の第二法則は外力が働く場合に成り立つもので、それによって運動の速度や方向が変化する。それを志筑は「加力変速」と呼んでいて、これもなかなか含蓄に富んだ呼称と言うべきだろう。加力（力が加わったこと）による変速（速度変化）の法則が第二法則なのだから、ぴったりの命名である。力が働いた場合、動は静に変わり、静は動に転じるのだから、

重力による運動

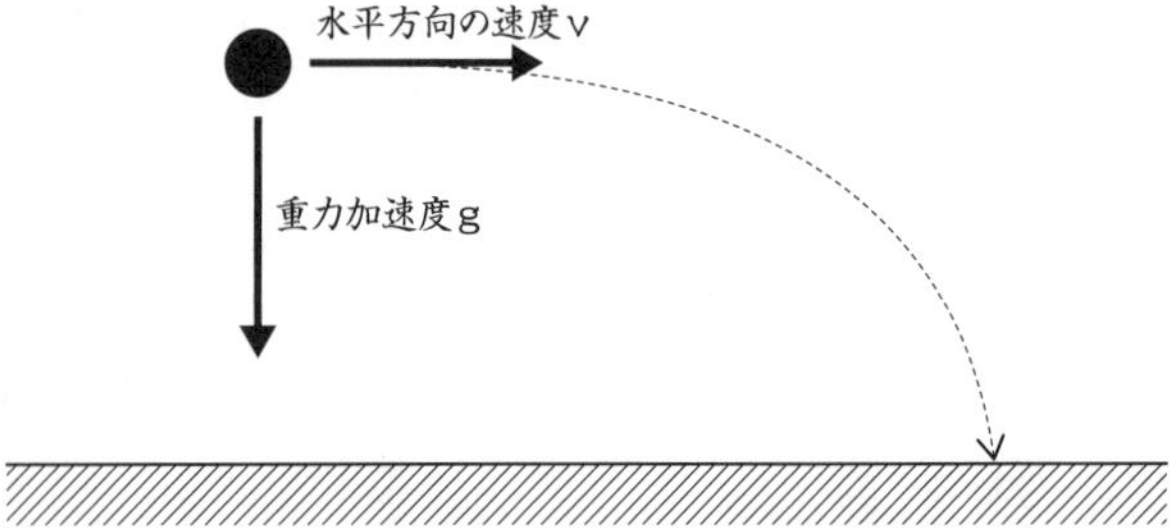

水平方向に速度vで物体を投げ出した場合、垂直方向に
重力加速度gがかかり続け、下方への速度が時間とともに増していくため、
物体は斜め下向きの放物線を描くことになる。

「動静が混じる」とも言える。第一法則の「常静常動」が第二法則で「動静混合」に変わるわけである。

「重動」：重力による運動

物体の重力による落下運動を志筑は「重動」と呼ぶが、これは彼にしては珍しく直截《ちょくせつ》的な表現である。落下運動は、最初は遅く、徐々に速くなっていくが、これは重力の加速によるものである。また、初めは横向きの運動であっても重力が働くうちに斜め下向きになり、やがて下向きに転じる、と落下運動を簡潔に要約している。重力加速度が一定の場での運動については、比較的直観的に語れるからだろう。

「遠心力」と「求心力」

遠心力と求心力

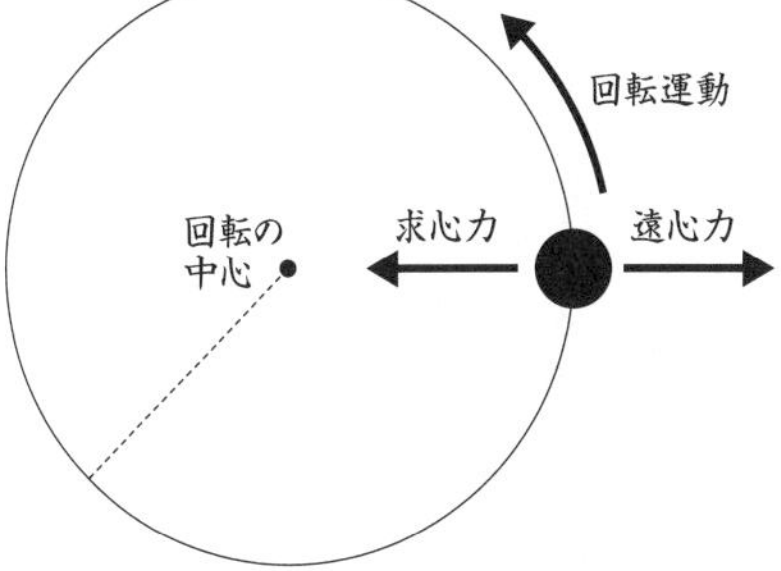

回転運動をしている物体には、回転の中心から離れる方向へと働く力（遠心力）と、中心に向かって働く力（求心力）が作用しており、両者は釣り合っている。

鉛の球に細糸を結び、振って振動運動するようにしたのが「振り子」である。この振り子に関連して、志筑は次のように説明を続けていく。

力を込めて速く回転させると、鉛球の軌跡は空気中に円を描く。ここに働いている力は鉛球を円の中心から遠ざけようとする力だから、これを「遠心力」と呼ぼう。一方、糸に働く力が遠心力と釣り合っているから糸は緩まず、鉛球は円を描いている。糸に働く力は円の中心の方に向いているので「求心力」と名付けよう

という次第で、このような円運動の際に働く力を志筑が遠心力・求心力と名付けたのだが、いずれも直感的であるとともに正確な呼称と言う

べきであろう。
そして、回転する地球上では我々を含めて万物に遠心力が働いているのだが、遠心力によって万物が飛び去ることがないのは、重力が逆向きに働いているからだ。つまり、重力が求心力として働いていて、地球上では求心力である重力が遠心力に大きく勝っている、と志筑は付け加えている。

「仮星太陰比例」

ここで志筑は面白い問題を考案して読者を驚かせる。人工衛星を「仮星」と呼び、どれくらいの速さになれば人工衛星が実現できるかを計算しようというのだ。そして「衆動一貫の比例」（ケプラーの第三法則）を使って月の運動と比べることにより（これを「太陰比例」と呼ぶ）、月までの距離を求めるのである。実に巧みな問題の提案と言うべきだろう。
その問題というのは、

赤道の海上のごく近くにあって、球を地平の東方に向かって投じる。その速度を地球回転の速度より一七倍大きくすることができるなら、この球は地球の上を飛行して、毎日一六周するように見えるだろう。風や空気の抵抗がなく、島々によって遮られることがなけ

人工衛星の問題

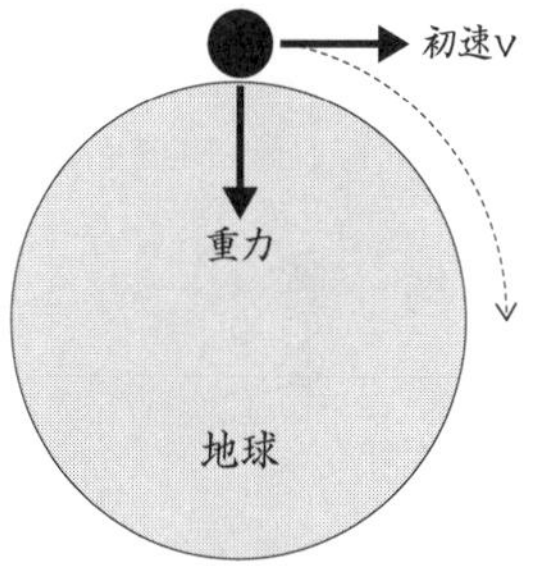

海上より水平方向に球を投げるとき、初速ｖがどれだけ大きければ、地球の重力によって落下してしまうことなく、球は地球の周りを（人工衛星のように）飛んで回り続けるか？ ただし、空気抵抗などは考えないものとする。

※上記の条件で人工衛星を成り立たせる初速vを、今日では「**第一宇宙速度**」と呼んでいる。

> れば、永久に空中を運動するから天上の星と変わらない。これを証明せよ。
> 今、仮にこのような星があるとして、先に出てきた「衆動一貫の比例」を使って仮星の運動と月の運動を比べれば、月までの距離を地球半径の六〇・〇〇倍と見積もることができる。ここに挙げた数値が正しいことを証明せよ

というもので、思いがけない状況設定（人工衛星など誰も想像しなかっただろうから）による、実に巧みな出題である。

求心力に関する疑問

ここで志筑は、求心力に関する疑問を自分に提起し、自答するという形で、読者に対してわ

求心力と共通重心

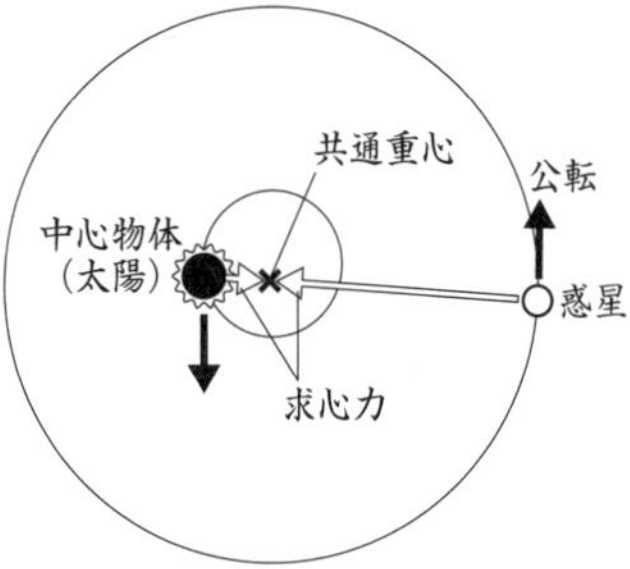

惑星は太陽の重力によって楕円軌道を描くが、実は太陽も惑星の重力により動かされている。ただし、その影響は極めて小さい。
→両者の中心を結んだ線分上に、それぞれの回転運動の中心となる「**共通重心**」が存在する（このように考えると運動が整合的に説明できる）。

かりやすい説明となるよう工夫している。

（自問）重力で互いに引き合うのなら、動く惑星のみならず、中心物体である太陽も動くのではないか？

（自答）むろん太陽も動く。もっとも、太陽の質量に比べて惑星の質量は非常に小さいから、太陽が動く量はごく小さい。実際には、二体の共通重心が静止していて、二体はその点の周りを回ることになる。木星と太陽の共通重心の位置は太陽半径くらいで、土星と太陽ではもっと小さい。太陽系全体の共通重心は不動の一点となる。

ここに「共通重心」という概念を持ち込めば、互いに引き合う天体は、共通重心の周りを回ると言える。また遠心力はその点から発し、求心力である重力はその点に向かっていることになる。

（自問）すべての星は重力を及ぼすのだから、惑星は太陽の周りを回るとともに、互いに重力を及ぼし合うことで運動が変化するのではないか？

（自答）その通りで、惑星同士も互いに引き合っている。しかし、太陽からの重力に比べて惑星からの重力は圧倒的に弱いから、ほとんど運動を変化させず、太陽からの力を考えるだけで十分である。

「空気船」

志筑は、吉雄耕牛がオランダ人からもらった気球の図を見て、すぐに調べたのだろう、次のような文章を付け加えている（伝聞なので正確ではない）。

西洋の人がリュグトポムプ（空気ポンプ）というものを作った。リュグトは空気、ポムプは水を吸い上げる器具の名前で、器の中の空気を吸い上げて空にする器具である。このリ

（参考）司馬江漢原画「色絵軽気球図皿」。志筑の同時代人である江漢も気球の存在を知り、絵に描いている（早稲田大学會津八一記念博物館所蔵）。

ユグトポムプを使って、フランス人のカルレスとロベルトの二人が、リュグトシキップという乗り物を製造した。リュグトシキップは「空気船」という意味である。その船が完成して初めて試用したときのことを図に描いたものが二枚あって、オランダ人から通詞の吉雄氏に贈られたものを見た。船には二人が乗っており、細い帆がかけられていて、櫓《やぐら》は風車のようで、舵は団扇のようである

と、実に楽しそうである。空中に昇り、そして移動できる気球の図を見て大いに興味をそそられたのであろう、さっそく気球を動かす仕組みについて研究して、以下のように説明している。

空気船は、鉛球を持ってきて船が自在に俯仰（俯いたり仰いだりする動き）できるように

し、頭上の大きな球の中の空気を除き去って、浮力によって船を浮かせるようにしたものである。球の上から綱で引き、船の前方に縄を掛け、船全体が一斉に球の浮力を受けるようにしている。船の下には籠がぶら下がっており、錦（厚手の織物）を張っていて、その形は水鳥の足に似ている。この錦は通常は緩めていて、思いがけない変動に備えている。例えば、球に急変化が起こって船が突然落下し始めたときは、この錦を張って船底に身を潜め、船具に取り付いておればよい。錦が風をたくさん受けるので、船は急速に落ちることがなく、地面にゆっくり降り立つから身体に支障を起こさない

と、実際に志筑が自分で設計したわけではないのに詳しく解説している。気球の構造や運転について調べたのだろう。

さらに、

一七八三年（天明三年）一二月一日にカルレスが初めてこの船に乗って、空に昇ること一五二四タイス（約2・9㎞、1タイス＝6尺3寸3分）で、距離一里半（約6㎞）を動いて降りてきた。同じ日にイギリスの紳士を伴って再び昇り、夜に入って降りたそうである。計算するに、一寸立方（約27㎤）の空気の重さを九毛二弗（約0・0345g）とすれば、直

径が二丈（約6ｍ）の球の中に満たされた空気の重さは三万八〇〇〇匁（約142・5kg）余りで、二四〇斤ほど（約144kg）になる。船と球皮と二人の重さは、少なくとも二三〇～二四〇斤だから見合っている。直径が二丈の真空の球だと浮力が二四〇斤ほどになるからだ。気球の製法の詳細については聞いていない

と、気球にかかる重力と浮力を詳しく計算していて、実際に空気中に浮くことを確かめている。とはいえ、実際には気球から空気を完全に追い出すことができないからこの計算だと浮力が不足し、気球は浮上しないというのが正解である。志筑は実際に気球が浮上していく姿を見たかったことであろう（松尾龍之介氏が『長崎蘭学の巨人』で、フィクションとして志筑の気球実験の話を書いておられる）。

光の速度

興味深いこととして、光の速度について志筑が自問自答する形で議論している箇所がある。まず、

（自問）どのようにして光に速度があることを知ったのだろうか？

（自答）ケール全書に以下のように書かれている。木星の衛星が主星の陰に入って食が起こる（見えなくなる）が、多くの観測家がその周期から予め食がいつ起こるか予想していた。ところが、太陽に対して地球と木星が同じ側にあって一直線に並ぶ「衝《しょう》」では食が開始されるときは早く、木星と地球が太陽を挟んで互いに反対側にあって一直線上に並ぶ「合《ごう》」では食に入るときが遅くなっている。この事実を、衝と合の時の木星までの距離が異なっていて、光の速さが有限であるために光が到達する時間が異なってくると解釈して、レーマーという者が、光が太陽より地球に到達するには一一分だけかかるとした（一六七五年）

と、デンマークの天文学者オーレ・レーマーの仕事をコンパクトに解説している。そして、（『天文学・物理学入門』を蘭語に訳した）ルロフスによれば、イギリスの天文学者ブラッドリーの説では、光の速度はレーマーの値よりずっと大きい、と述べている。志筑は、これらを見れば光の速さが有限であることは確かであると認識し、光の速度が有限であるからには、光は実体であって、光が存在する場所は真空ではないと断じている。

レーマーによる光速度の測定(1675年)

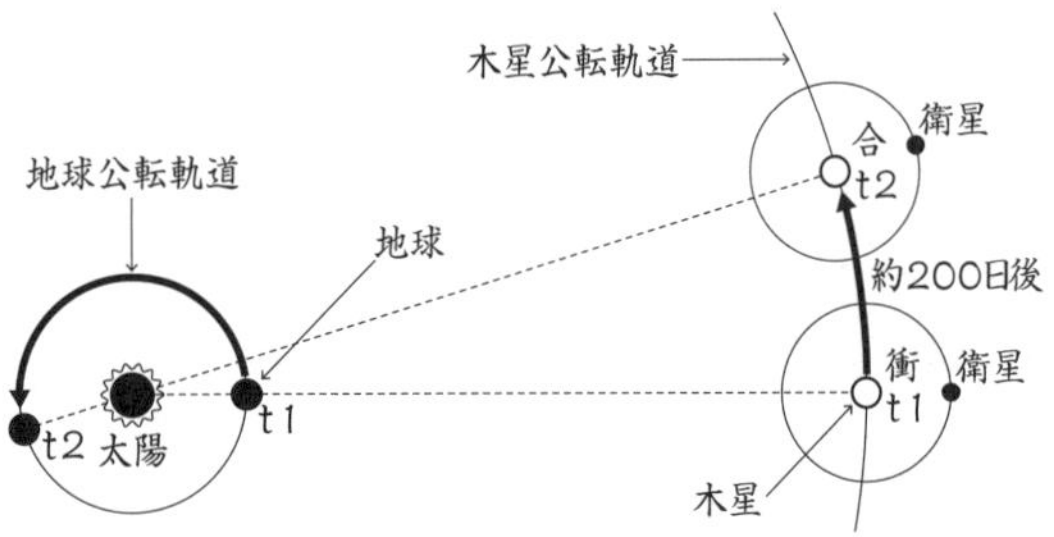

太陽に対して木星と地球が同じ側にある時刻t1のような位置関係(衝)のときには、木星の衛星の食は開始が早くなる。対して、木星と地球が太陽を挟んで反対側にある時刻t2のような位置関係(合)のときには、木星の衛星は食の開始が予測よりも遅くなる。
→両者の間で生じる時間差と距離の差から光の速度を推定。

ブラッドリーによる光速度の測定(1728年頃)

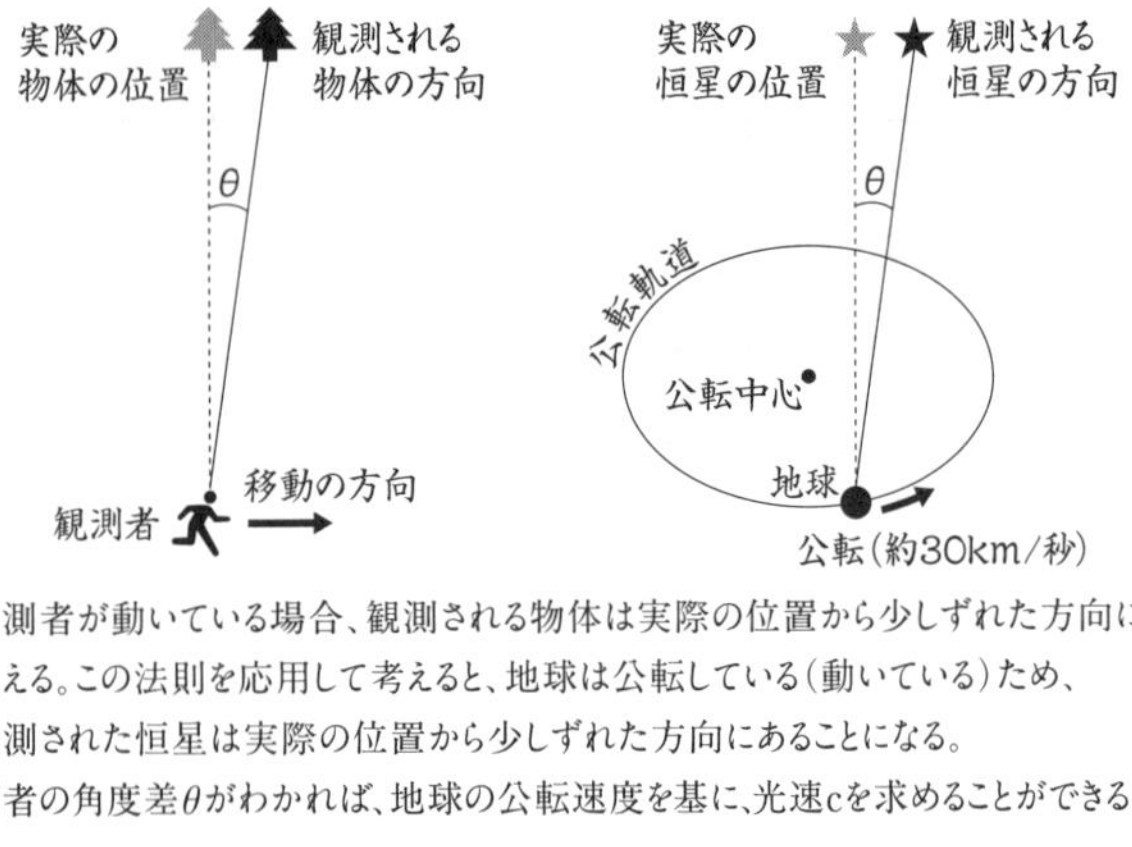

観測者が動いている場合、観測される物体は実際の位置から少しずれた方向に見える。この法則を応用して考えると、地球は公転している(動いている)ため、観測された恒星は実際の位置から少しずれた方向にあることになる。
両者の角度差θがわかれば、地球の公転速度を基に、光速cを求めることができる。

「不測」

科学の研究においては、そもそも答えがわかり得ない問題、解けない問題があり、それを志筑は「不測」と呼んだ。これについて彼は、自分自身に次のように問いかけている。

（自問）西洋の説やケールによれば、万事はすべて重力に関わっている。重力は「造化」不測（天地・自然の真実は計り知れない）だとしているのだが、議論するうちに知ることが可能になってくることもあるのだから、まったく「不測（計り知れない）」とは言えないのではないか。また他に、人知では決してわかり得ないことがあるのだろうか。

この問いは、「なぜ万有引力などというものがあるのか、なぜ万有引力は距離の二乗に反比例するのかと問われても答えられない」として、「我、仮説を作らず」と述べたニュートンのことを思い出させる。物理学の理論は「なぜ」という質問には答えられないが、「こうであれば命題が証明できる」のだから、それで満足すべきであると志筑は述べている。つまり、「なぜ」に答えられない「不測」はいくらでもあるのだ。そこで志筑の回答は、

（自答）重力がなぜ引力であるかは不測で、不可思議で計り知れないことである。西洋の人にとっても不測であろう。およそ、人は誰もが知らないことを「不測」とし、知ることができることは不測ではないとしてきた。しかし、「未だ知らないこと」は不測ではないが、「知った」としても不測のこともある。また、不測ではないとしても、別の不測と結びつくと本当の不測になってしまうこともある

と、いささか哲学じみた自問自答をしている。さらに志筑は、宇宙に関して不測と考えざるを得ない問題を列挙する。

（自答の続き）恒星天の外に何があるのか。銀河はなぜこのように回転しているのか。宇宙の四方の果てに限りがあるのだろうか。宇宙はいずれの時に始まり、いずれの時に終わるのだろうか。これらは皆「不測」ではないだろうか

あれこれ考えた末、志筑は以下のように結論づける。

（自答の結論）とはいえ、不測でないものも、考えようでよりいっそう不測になるし、およそ天上・天下すべて不測でないものはない。誰が宇宙を創造し、誰が元気（万物の根源の精気）を造り出し、誰が天地を生じさせ、諸星を生成し、常静常動の法を定め、重力強弱の法則を創成して、大小の星に運行の決まりを守らせているのか。誰が重力を作って物質に屈伸変化を起こさせており、また物質が組み合わされて水火や金木となり、また五行が集まって物質を生じ、人間を生じ、目耳鼻舌を作り、五臓六腑を動かし、精神・性情・魂魄を形成して視聴・言動・思慮・分別の能力を有し、天地の道理を議論させているのか。それを議論する者も、議論する対象の者も不測であり、不測と不測が合体すると、これもまた不測になる

と、森羅万象すべてが不測と言えば不測と考えざるを得ないと、いささか懐疑論者になったかのようである。

宇宙の果てや宇宙の始まりなどの問題は、現代の天文学・宇宙論においても挑戦されてはいるが、すんなりとは答えられない「不測」は昔も今も共通して存在する。これらは「永遠の謎」と言うべきかもしれない。

「混沌分判図説」

いよいよ最後に志筑自身による、宇宙における構造形成の提案を紹介しよう。進化する宇宙という観点の下での太陽系形成についての考察である。ここでは、回転する系が万有引力によって収縮するなかで、遠心力が強くなって収縮がいったん止まり、そこで小さな系に分裂（分判）して求心力が増してさらに収縮をしていく、そんな過程が繰り返されるという描像が提出されていて、非常にダイナミックである。以下では、私が付けた小見出しに沿って、志筑が実際にどのようなシナリオを描いているかを紹介しよう。

導入部：格調高く天地の創造について述べる。

古書にあるように、軽く清らかなるものは上って天となり、実があり重いものは固まって地となる。また、易に言うように天の道に立っては陰と陽を生み出し、地の道に立っては剛と柔を生み出す。とすると、気と質を天と地に対応させることもできるだろう。

混沌状態：天地が混じり合った何らの規則性もない状態から出発する。

混沌がまだ分化していないとき、ただ気（広く一様に分布する物質）のみがあり、気に変化のない間は真空状態と同然である。太虚の姿とは純粋で青緑の光が輝く玉のようなもので、万物を組成する霊気が往来する場所のことである。

神霊の集中：混沌から規則性が生まれるきっかけは「神霊」の集中である。

計り知れない神霊が一点に集中し、周辺も同期してこれに結びつき、微塵の分布に偏りが生じる。これによって四方の気に雲霧が生じたかのように、この点に向かって等しく集合してきて、混然とした一つの大きな塊が形成され、周辺とは隔絶した物体となる（ここで私があえて注釈を加えると、初期状態は誰もわからないため志筑は「神霊」を持ち込んでいるのだが、これを出発点として設定すると、以後は物質の運動として記述できることになる）。

気の集中と旋回：気が集まって物質となり旋回し始める。

気が集まって濃厚（物質）になると重力が強力になり、これまで動かなかった気も動き始め、互いに引き合ったり押し合ったり奪い合ったりする。そのうちに、最大の重力の物質が動きの中心となり、内部・外部が一つのまとまった運動体となって、水が旋回するように回転し始める。

第一の天の形成：物質が回転しつつ重力によって収縮するなかで第一の天が形成される。求心力（重力）が働いているから気は中心に向かってゆっくり巻き込みながら収縮する。収縮するに従って、回転がだんだん速くなっていく。速くなるに従い、遠心力が強くなる。最初、遠心力は求心力に比べて小さいが、全体が大きく収縮するうちに二つの力が互いに等しくなっていく。ここにおいて第一天が定まる。

遠心力と求心力の拮抗過程：中心付近は求心力で収縮し、遠心力が強い外の方は収縮しない。巻き込みながら収縮すると求心力が強くなるとともに遠心力も強まっていく。回転（角速度）は内部も外の方も同じだから、外の方は内部に比べて半径と回転する速さが大きいので遠心力も大きく、二つの力が等しくなって収縮が止まる。

軸周辺の扁平《へんぺい》な天の形成：軸方向は求心力しか働かないから収縮が進んで、扁平な形になる。回転軸に近い部分では求心力だけが働き、遠心力は非常に弱い。このため、気は収縮して回転の中心に向かって集まり、全体の形は大きく偏ったものになる。気は剛い物体ではないから、大きく偏るのである。

角速度

円運動で物体が時間tのあいだに
角度θだけ移動するとき、
「単位時間あたりに回転する速さ」のことを
角速度と呼ぶ。角速度ωは
以下の式によって求められる。

$$\omega = \frac{\theta}{t}$$

半径rの円周上を角速度ωで動くとき
質量mの物体に働く遠心力Fの大きさは、
以下の式で表される。

$$F = mr\omega^2$$

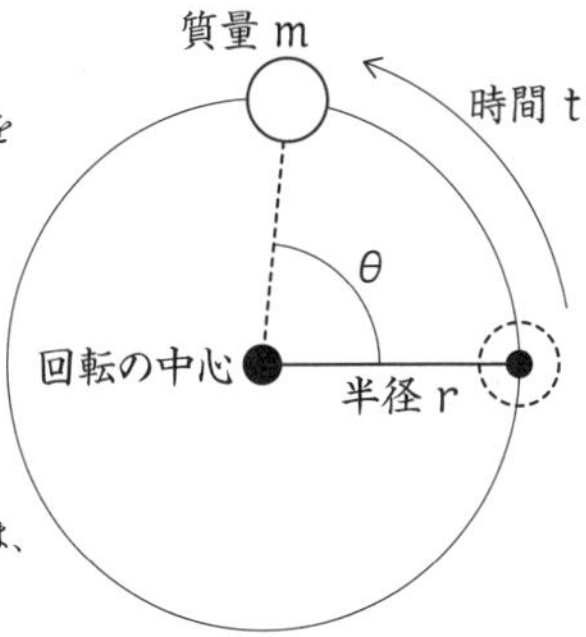

次々と六つの天が生まれる：気の流れが変わって収縮運動が生じ、天を分割していく。内部にある気には求心力が強く働いており、遠心力と釣り合ってその動きが止まり、第一の天が分離する。第一の天の重力のために、周りの気が集まって大きな塊になる。これが第二の天の中心物体となる。その気の重力によって全体の気が引き込まれ収縮するという過程が繰り返され、第二から第六まで、次々と天が生まれる。こうして、中心の塊（太陽）と周囲の六個の塊（将来の惑星）が生じる。

天が分割される理由：大きな塊の中で引き起こされた運動によって小さな塊に分かれる。

小さな塊が引き合って同じ面上を運動する大きな塊が作られる。塊が生じるのは天の気を集めたためだが、天の気の中には厚くて重い気や薄い気の不均一があり、それによって大小の塊ができる。塊の間隔はいろいろあって引力は各塊で異なり、その塊は引力が少しでも強いものの方に引かれていく。このとき、天体の軌道は正円ではないが正円からのずれは小さく、運動方向のずれも数度であろうから、ほぼ同じ面上を同じような輪を描いているとしても構わない。

多数の塊の分裂・合体：大中小の塊が共存して分裂したり合体したりする過程が続く。中間の塊を覆う気が厚く引力が強ければ、早く収縮してすぐに天体になる。逆に収縮がゆっくりしていると、さらに小さな塊に分かれてより小さな塊になる。この段階では気が集まって団となり、団が集まって塊となるという階層構造となっている。

さまざまな団と塊が共存する場：団や塊は互いにぶつかって合体したり分裂したりする。小さな塊の回転は小団の回転に由来し、小団で中くらいの塊の回転は中団の回転に由来し、中団の回転は大きな団の回転に由来している。塊の中の物質は早く収縮し、積み重なっていく。

志筑による太陽系の形成過程モデル

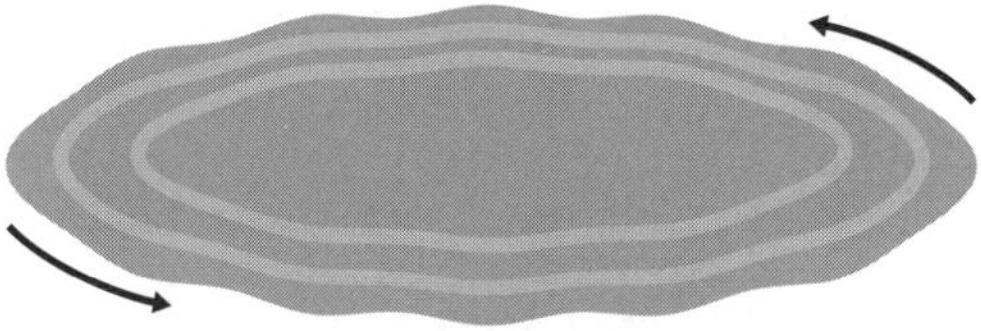

①混沌状態から旋回の開始へ

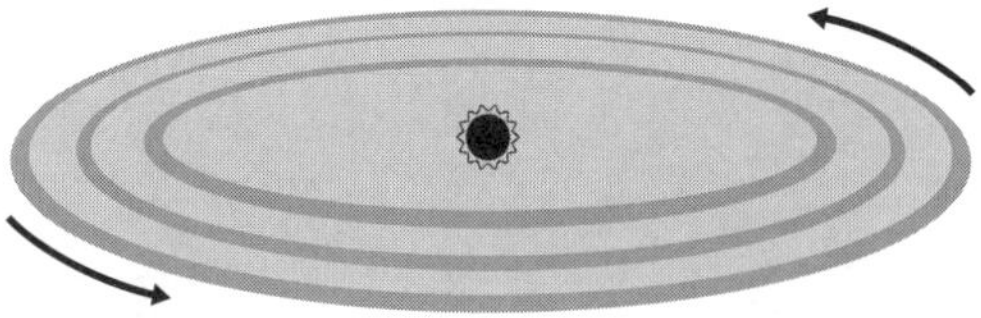

②扁平な形になってから中心（太陽）が定まる

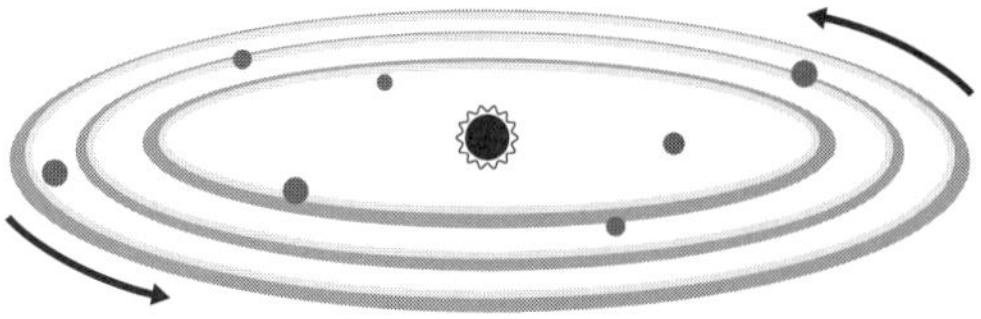

③原始惑星が次々と誕生

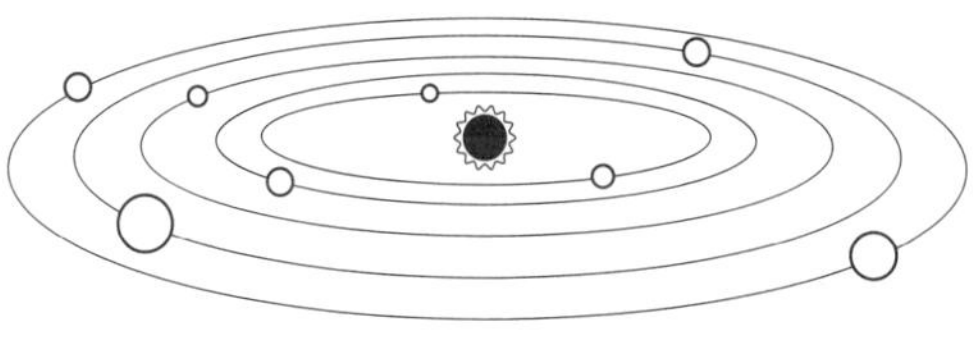

④多くの塊（微天体）が形成され、太陽系が完成

同じ向きに回転運動する全体系：大小さまざまな塊ができ、全体が同じ向きに回転する。もし、全体系の外に中くらいの塊があると、大きな塊と引力を及ぼし合ってゆっくり近寄ってくる。こうしてできた天の内側の大中小の塊は、方位も同じ向きを示し、回転はすべて同じ向きとなる。全体の動きがこのようにして揃うのである。

以上の説についての志筑の注釈

この説は、気を構成する物質の集合・分散の理を言っているのみで、あえて宇宙の始まりについて語るものではない。後世にはもっと詳しく研究されるであろう。あるいは、西洋人は既にそのような説を提示しているかもしれないが、私（志筑）は未だ聞いていない。

以上の議論で、物質の塊が収縮し、やがて遠心力で支えて収縮が止まり、さらに少しずつ物質が外部から降り注いで重力（求心力）が強くなっていっそう収縮する、その繰り返しの過程を述べている。混沌状態にあった雲のような物質の塊が収縮する中で、中団や小団を形成していくという過程は、太陽系のみならず銀河の形成に適用できるアイデアであり、宇宙の構造が万有引力の下で進化していくことを具体的に描いたという点で画期的と言うべきである。

志筑は、おそらくケールの原本に従ってニュートン力学の紹介を忠実に行ってきたのだが、やはり自分の意見を付け加えたくなり、重力によって天体が形成される過程について自らの所論を「混沌分判図説」として述べたのだろう。重力と遠心力が拮抗しつつ太陽系ができていく状況は、訳出した内容の具体的応用であるからだ。志筑の物理学に関するセンスの良さが強く印象に残る。

第三章　金貸し番頭の宇宙

3―1　山片蟠桃という人

蟠桃の出自

山片蟠桃は、一七四八年に播磨《はりま》国印南《いんなみ》郡神爪《かづめ》村（現在の兵庫県高砂《たかさご》市神爪）に長谷川小兵衛の二男として生まれた。姫路出身の私だから、この付近には土地鑑がある。ＪＲ神戸線で姫路駅から神戸に向かって鈍行列車に乗ると、東姫路・御着《ごちゃく》・ひめじ別所・曽根・宝殿《ほうでん》・加古川と駅が続くが、高砂市神爪は宝殿が下車駅で、駅の周辺では「石の宝殿」と呼ばれる古代の石造遺跡が有名である。宝殿山山麓にある生石《おうしこ》神社のご神体として祀られているのが推定五〇〇トンもの巨石で、「天の浮石」として古くから信仰の対象となってきた。七一三～七一五年に成立したとされる『播磨国風土記』に、聖徳太子（五七四～六二二）の時代に物部守屋《もののべのもりや》（？～五八七）が造ったとの謂《いわ》れが書かれているが、そもそも二人が活躍した時期が合わないので、この謂れには疑問が持たれている。

司馬江漢が長崎旅行の往路でここに差しかかり（一七八八年九月一日）、「石の宝殿は奇妙なるものなり。その近辺、皆山石なり。御影石是なり。この宝殿は神代造りたるものにて、一向訳知れず」と書いて、スケッチを残している（『西遊日記』）。迫力がある遺物と感じたらしいが、巨石のご神体については何やら怪訝《けげん》そうである。付近の岩山からの石は姫路城や国会議事堂の建築資材として使われてきたそうで、ずいぶん長い間建築構造材の供給地として続いてきたものだと感心する。

兵庫県高砂市阿弥陀町・生石神社に鎮座する「石の宝殿」（写真提供：阿部吾郎）。

その石の宝殿の近辺に生まれた蟠桃の正式名は長谷川有躬《ありみ》で、幼名は惣五郎、字は子厚《しこう》であった。後に述べるように、一八〇五年に升屋から一代限りの「親類並」に取り立てられ、それまでの長谷川姓から主家の山片姓を名乗ることが許された。以来、山片芳秀《よしひで》と名乗り、字を子蘭《しらん》と改め、筆名を蟠桃、時には播陽《ばんよう》としたのである。だから、彼を「山片蟠桃」と呼べるのはこの時点以後なのだが、ややこしくなるので最初から蟠桃と呼ぶことにする。「蟠桃」という彼の名前の由来については、後に語る機会があるだろう。

実家は元々酒屋を経営していたようで、長谷川家には企業家を志す気風が強かったのではないかと推測される。蟠桃は三人兄弟の真ん中で、兄の安兵衛は「糸屋」という屋号の店を構え、栽培が盛んになりつつあった播州《ばんしゅう》木綿を扱い、その加工販売の商人として成功している。弟の与兵衛（字は季烈）は四歳年下で、三一歳の頃から蟠桃と同じく升屋に奉公し、蟠桃の片腕として江戸の支店を任されるほどの才覚があった。しかし惜しくも一八〇〇年に四九歳で亡くなっている。当時の平均寿命を超えてはいたのだろうが、蟠桃が七四歳（一八二一年死亡）まで長生きしたことを考えると、早逝と言うべきかもしれない。彼は、本章の後半部にまた顔を出すことになる。

この長谷川家と升屋との結びつきはずっと昔から続いており、長谷川家の初代の久兵衛は蟠桃の父小兵衛の叔父に当たり、その叔父の兄が蟠桃の祖父の伊兵衛である。伊兵衛には三人の息子がいて、小兵衛は家を継ぎ、小兵衛のすぐ上の兄は叔父のところに養子に入って二代目久兵衛を名乗り、升屋に勤めたのだが蟠桃が生まれた年に急死している。そのため、小兵衛のもう一人の兄が後を継いで三代目久兵衛を襲名して升屋に勤めたのである。このように長谷川家は代々升屋と強い結びつきがあったわけで、惣五郎（蟠桃）もいずれ升屋に奉公に出される運命にあった。

事実、一七六〇年、一三歳のときに、蟠桃は故郷を後にして大坂の堂島にある升屋に丁稚奉

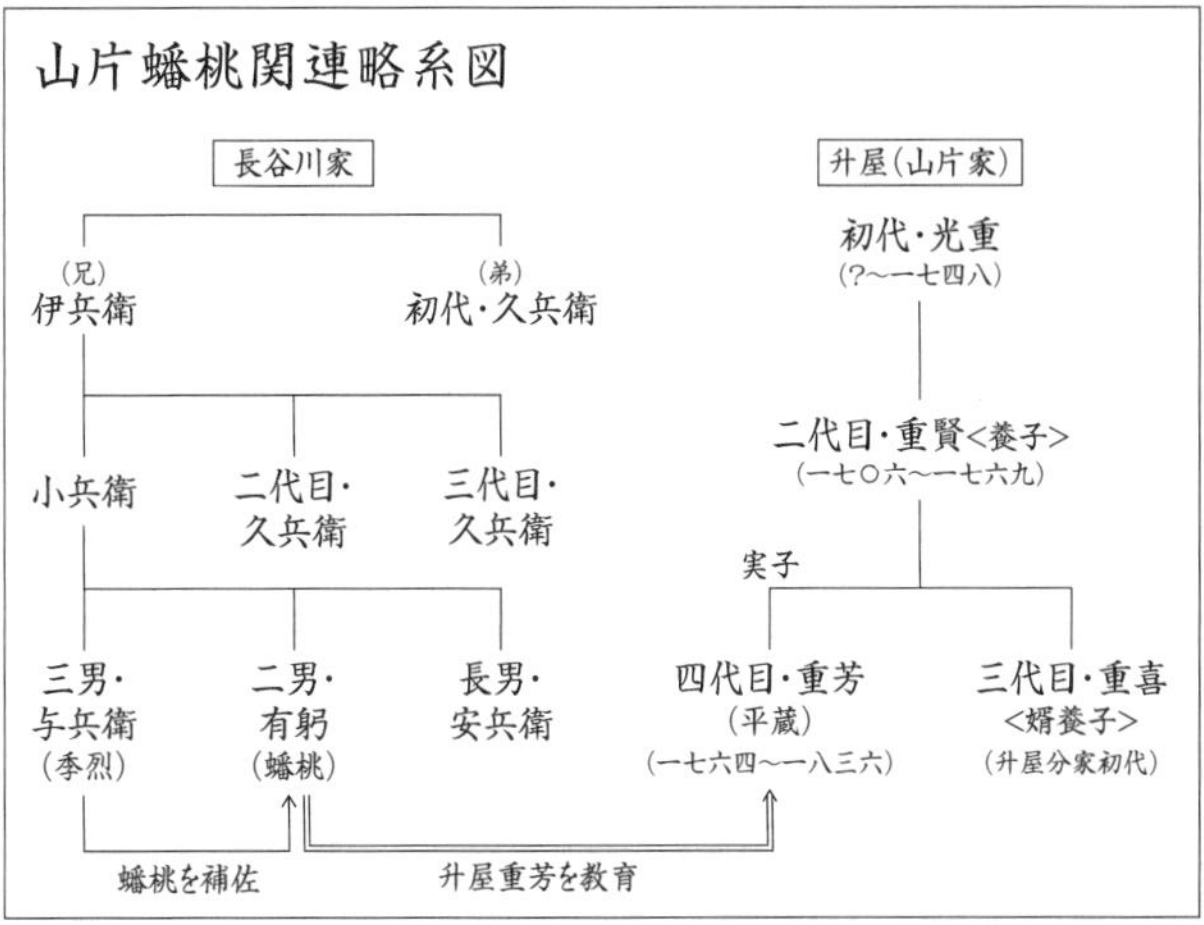

山片蟠桃関連略系図

公のため住み込むことになった。おそらく、それまでに寺子屋に通って読み書き算盤《そろばん》を習い、商家に奉公をするために必要な基礎的な知識・技量を習得していたのだろう。

実は、当時のことを過剰に脚色したエピソードが、山片蟠桃の事績研究本では最初と言われている亀田次郎氏の『山片蟠桃』（一九四三年）に、まことしやかに書かれている。蟠桃が幼年の頃に大坂に奉公に出され、最初今橋三丁目の両替屋である河内屋与兵衛に丁稚奉公したとき、「生まれつき読書好きであったので、肝心の用事に間に合わぬことが度々あった。主人も遂に我慢し切れず放逐してしまった」というのである。そのために、田舎出の少年は途方に暮れたが、「幸いにもこれを拾い上げたのが、同業者である梶木町の山片氏、升屋平右衛門であった」というストーリーとなっている。そして、「この新主人の平右衛門は当時諸大名の金方を勤め、金回りもよく、また当時隆盛を極めていた懐徳堂に出入りして学問に心傾けていた人であったから、この読書癖ある丁稚を引き取って世話したものらしい」と、河内屋や升屋の名前や住所まで明示して、いかにも本当であるかのような逸話を披露されていた。しかし、升屋が大名貸しで大成功したのは、蟠桃が升屋の番頭として辣腕を振るうようになってからだから、亀田氏のこの記述は正確ではない。とはいっても豪商升屋のことしか知らない人々は、この話をそのまま受け取り、長らく蟠桃の幼少期のエピソードとして知られていたらしい。

しかし、よくよく考えてみれば、いくら読書好きであっても丁稚が店の仕事をさぼるなどということは考えられず、またお払い箱になった丁稚を易々《やすやす》と雇用するような店もない。当時、丁稚についてはしっかり身元調査をしてから雇い入れており、その責任もあって、本を読み過ぎるというような理由で簡単にお払い箱にしたり、逆に店を辞めさせられた子どもを簡単に拾い上げたりするはずがない。このようなことに疑問を持った研究者がよくよく調べてみれば、神爪の長谷川家は升屋に三代にわたって奉公を続けており、そのことをよく知っている丁稚の惣五郎もいい加減な仕事ぶりであったとは考えられないことがわかった。だから、この話は幼い頃から蟠桃が読書好きであったことを吹聴するためのでっち上げであろう、ということで決着している。どうやら、蟠桃が丁稚奉公に上がった頃には既に読み書きが達者であり、才気煥発で利発な人間であったことは商人仲間にはよく知られており、そのことを物語るために創作された架空の話を亀田氏が信じ込んだようなのだ。

升屋の由来

ここで、蟠桃を受け入れた升屋（山片家）の由来をまとめておこう。初代の光重《みつしげ》（?～一七四八）が一六九四年に大坂の堂島で居宅を構え、その後一七一七年に名を茂右衛門から平右衛門に改めて代々の家長の名としたのが最初である。初代平右衛門は、堂島の米市場で仲買をしていて投機で大儲《おおもう》けし、手広く米の売買を行うとともに、米市場の会所の役員を務めるようになったらしい。その頃から蟠桃の祖父の弟である初代長谷川久兵衛が升屋に勤め始め、升屋初代の山片平右衛門光重の手助けをしたのであった。升屋二代目の平右衛門重賢《しげかた》（一七〇六～一七六九）は養子であり、一七三四年、二九歳のときに家督を継ぎ、大名貸しを始めて店を大きくするのにずいぶん貢献した。蟠桃が丁稚に入った一七六〇年は重賢が当主で、まだ壮健なときであった。重賢は一七六九年に家督を婿養子重喜《しげのぶ》に譲って隠居し、平朔《へいさく》と名乗ったが間もなく亡くなっている。

このとき店の跡継ぎ問題でトラブルが生じた。重賢の息子は早死にしていたので、一七六四年に二女のなさに対する婿養子として平治郎（重喜）を迎えたのだが、同じ年に実の息子の平蔵が生まれたのである。そこで、重賢は死の年に「書置」（遺言）を残し、財産の六割は平蔵に譲るが、平蔵が幼少であるため、まず婿養子の平治郎が跡を継ぎ、平蔵が二〇歳になった段階で彼に家督を譲るべし、としたのである。このような経過で三代目平右衛門は平治郎が継いで重喜と名乗ったのだが、襲名後わずか一年少しで「身持ち不埒《ふらち》」という理由で、一七七一年にわずか八歳の平蔵に升屋を譲ることになった。重喜は平左衛門と改名して、中之島の升屋分家の初代となっている。こうして平蔵が升屋四代目の当主平右衛門重芳《しげよし》（一七六四〜一八三六）となったのだが、この間のゴタゴタを裁いたのが当時まだ二〇代前半だった蟠桃であった。蟠桃は升屋久兵衛として別家を継いで升屋の屋台骨を支えつつ、幼い重芳の教育にあたって一人前の大店の当主に育て上げたのである。この重芳に対して蟠桃が一八一三年に遺言・遺訓を残していて興趣が尽きないが、本書では省く。升屋の家業について続けよう。

買米制度と大名貸し

初代の升屋が最初に手がけたのが米の仲買業であった。幕府及び各地の藩を構成する武士階級の経済的基盤は農民が年貢として納める米である。全国（天領、各藩領）から集められた米はいったん大坂なら堂島や中之島、江戸なら浅草の蔵屋敷に収蔵される。そして、そこの米取

『摂津名所図会』の「堂嶌穀糶糴（どうじまこめあきない）」の図。当時の堂島米市場の活況を描いている（大阪市立図書館デジタルアーカイブより）。

引会所で価格が決まり売買されて、消費地へ送られるという段取りになる。これが「蔵米」で、この米の取引には武士は関与せず、各藩から委嘱された販売代理店である米問屋が値段を定めて売買し、売上金から利を取った後の金を各藩に納入するという仕組みである。

米が市場に溢《あふ》れるくらい集まると値崩れを起こすから、幕府や各藩は米価を調節するため蔵屋敷に回す米の量をコントロールしていた。その限りでは、商品を供給する立場としての武士の方が米価決定の主導権を握っていたのである。また、値段が下がるのを防ぐため、幕府から大坂や江戸の商人たちに高い値段で無理やり米を買わせることもあった。売るべき商品を持つ者の強みを発揮したのである。江戸中期の米の生産高はおよそ二七〇〇万石、そのうち平均して四割（四公六民）が年貢として徴収されたのだが、かなりの割合が金銭納であったようで、供出されたのが約七二〇万石、武士が消費する分は約二二〇万石だから、残りおよそ五〇〇万石が米会所で売買され、大坂ではその二～三割にあたる一〇〇～一五〇万石を扱っていたようである。

人々の生活がそれなりに豊かになるとともに商品経済が盛んになると、武士階級も金を多く使うようになり、それとともに米の取引も現金を持つ商人が徐々に主導権を握るように変わっていった。供給側の武士が収入金額を増やそうとして米の供給を増やすようになったことで、かえって需要側の商人に価格決定の主導権が移るようになったのだ。特に収穫期（秋）には供給過多になるから、商人側が買い叩《たた》く状況が生まれてくる。また、米の供給が減る端境期（九～一〇月）において、商人側は値段が上がるのを避けるため先物取引を行うようにした。これは収穫の半年とか三カ月前に、現物である米の受け渡しをいずれ行うという契約を結んで先に現金決済を行っておく取引で、米が不足する時期でも米価が高騰せずに安定供給をすることを可能にする工夫であった。武士側も供給量が減る時期でも先物取引で一定の収入が確保できるので歓迎し、通年化するようになった。

しかし、この方式もだんだん行き過ぎるようになる。現金を早く手に入れるために、武士は先行きのことを考えずに、収穫するずっと前の米まで「先物として」処分することが常態化したからだ。例えば、経済事情が逼迫《ひっぱく》した藩では、年貢米すべてを蔵米に出して売掛金を手に入れても必要な金が不足する。そのため、豊作か不作かがわからない翌年の米までも先物取引に供するようになったのだ。これは実質的に米の仲買商人からの借金と同じことで、これがどんどん大きく膨らんで武家の財政が追い詰められ、仲買商人に財政を握られる状況になっていった。

農民は、収穫米の四割とか五割を年貢米として強制的に供出させられるが、残りの米（「作徳米」という）は自分たちが食するとともに翌年の種籾のために保存し、さらに余った分を日用品や農機具を購入するための物々交換に使う。あるいは、余剰米を米商人に売って現金化し薬や酒を入手した。このような方法で米商人が作徳米を買い集めた。むろん、各藩もこのような余剰米の存在を知っていて、年貢とは別扱いで藩として買い上げるようになり、やがて作徳米が年貢米に匹敵するくらいの量に膨れ上がっていった。その際、形の上では藩が買い上げるのだが、実際には米の買い入れから輸送・販売については代行する商人に委託した。これが米仲買の「買米制度」で、武士は労せずして（年貢米と）買米の代金を手にすることができ、升屋を始めとする米の仲買たちも取引量が増え、商人として力をつけていったのである。

これらの年貢米・買米が蔵屋敷を経由して売買されるのが「蔵米」なのだが、さらには蔵屋敷を持たない旗本や寺社領の米、商人が地方で買い付けてきて流通させる米があり、これを

「納屋米」と言う。単に武士の代理を務めるだけでなく、商人自身が地方で米を直接買い入れて大消費地である京都・大坂・江戸の市場に出していったのだ。やがて蔵米より納屋米の方が多くなっていった。このように、蔵米に納屋米が加わるようになって米の商いは時代とともに増加し、そこに目をつけて利益を積み上げる商才が競われたのである。

他方、藩にとって収入源は米の売り上げだけだから、その売買を代行してくれる米問屋と強く結びつくようになるのは自然の流れと言えよう。貨幣経済が盛んになっていくにつれ、藩の財政がしばしば逼迫するようになり、先に米問屋から前借をして、後に米を廻《まわ》して支払うのが普通になる。やがては翌年の収穫を担保にして仲買（米問屋）から借金するようになり、翌年不作となれば借金の返済を先送りすることになる。こうして藩財政が窮乏した大名は累積する借金に首が回らなくなっていった。逆の立場の米問屋は金貸しとならざるを得ない。それが「大名貸し」である。そして、その借金の回収のためには、米の売買を管理するだけに留まらず、藩の財政そのものに踏み込んで管理するようになっていく。

大名貸しになると、藩から名字帯刀が許されたり、扶持米《ふちまい》・俸禄《ほうろく》が保証されたりすることもあった。いわば「社外重役」である。その仕事は、年貢米・買米の量すべてを把握して、どのように販売するかの計画を立てて収入金額を極大にし、米の取引だけでなく、名産品を作り出したり、新開地の開発のために投資したりするなど多岐にわたる。金が余れば他藩や新商売に融資して少しでも収入を増やし、逆に大きな金額の支払い時期を引き延ばすなど藩の収支を管理して、財政に無理がないよう細工するというようなことも行う。金を日々取り扱う町人であればこそ行える役務であり、収支を知悉して健全な経営を執行する藩の財務大臣のような役割を担うようになるのは当然だろう。

こうして、大坂や江戸の両替商を兼ねた掛屋（御用商人）や蔵元・米仲買などの豪商が大名貸しとなって、藩の財政を代行するまでになるのも時間の問題であった。商品売買が盛んになって貨幣経済が浸透していくにつれ、必然の方向と言える。さらに、一七世紀後半の元禄の頃（一六八八年以降）から第一次産業である農業に加え、第二次・第三次産業である商工業者や飲食店などサービス業者が徐々に台頭する時代を迎え、さまざまな職業が発展するようになっていった。

升屋も二代目重賢の時代に陸奥《むつ》の白河と仙台、豊後《ぶんご》の岡、上野《こうずけ》の館林《たてばやし》、越後《えちご》の長岡、下総《しもうさ》の古河などの藩との取引を強め、やがて大名貸しとしてこれらの藩の財政を担当するようになった。これには升屋に仕えた蟠桃の伯父たちも大きな貢献をしたと推測される。米の作柄が正常であれば、各藩も石高に見合う数の武士を雇用し、それなりの格式を備えた体裁を保つだけの収入もある。他方、大名貸しをする豪商も商売を堅実に行えて店を大きくすることができた。事実、江戸幕府が開かれてから一〇〇年ばかりの期間は封建体制としての基礎も盤石で、健全財政で動いていたのである。

しかしながら、時代が進むとともに、大名貸しは危険な商売に変貌していった。天候不順（冷夏や大雨）が何年も続いたり、火山の爆発や地震や台風など天災に襲われたりすると、不作が一年に留まらずに数年継続する。そのため収入は完全に途絶え、貯《たく》え《わ》に欠けた大名は藩士に俸禄を保証するため借金をしなければならなくなる。その工面は大名貸しをする大店に頼らざるを得ない。米を基盤にした経済は、天候次第という脆弱《ぜいじゃく》さがあるのだ。

特に、東北地方では数年に一度は冷夏に襲われ、それが何年も続いて大飢饉《だいききん》が起こることが頻発し、庶民は悲惨な生活をたびたび強いられた。武士階級も緊縮財政を余儀なくされ、藩から供給される扶持米が削減されて苦しい生活に追い詰められることになる。ところが、藩の上層部は贅沢《ぜいたく》な生活を容易に改めることができず、借金は膨らんでいくばかりである。さらに、一年おきに参勤交代をせざるを得ず、「手伝普請」と称して城の修築や河川の土木工事が賦課されたり、国替えを命じられたりと、さまざまな出費が強制された。そのため大名といえども苦しい生活を余儀なくされ貯蓄もできない。それが幕府の大名を支配する根本政策で、意図的に大名に蓄財させないことを目的としていたのだ。となると大名暮らしも楽ではなく、その財務担当を務める豪商も大変であったろうことが想像される。

というのは、藩財政の健全化計画をいくら立てても、藩の領主や上層部たちには経済観念がなく、秘密の借金をしたり、値段が高い骨董品を買ったり、というような思いがけない出費を強いるからだ。その上、婚礼・出産・養子などの祝いと称して当たり前のように浪費をするから、臨時の金子《きんす》を用立てねばならないこともたびたび起こる。借金が雪だるま式に増えてもなかなか返そうとせず、そのうちに借金棒引きを迫り、挙句の果てには平気で踏み倒してしまう。大名と金貸しとでは、追い詰められると金を借りた立場の方が強いから、大名貸しは危険なのである。その危険度を考慮して、大名貸しも、対抗上儲けられるときは大儲けして貯えて、いざというときのために備えたのだが、こらえきれずに倒産した豪商も多くあった。

それ以外にも、豪商や両替商たちには幕府の経済政策や金策命令に率先して協力することが求められた。米の生産・売買を基盤とする経済だから、米余りになって値下がり（デフレ）すると取り分が少なくなった武士階級が困り、米が不足して値上がり（インフレ）すると人々の生活が苦しくなる。そこで、デフレが続いて米が値下がりとなったときは「買米令」を出して豪商に強制的に米を買い上げさせて値段を上げるよう働きかけ、インフレなどで現金が不足して幕府や藩の財政が逼迫するようになったときは、理屈をつけて「御用金」を豪商たちに課して徴収するという次第である。米の経済から貨幣経済へと移っていく状況になって、幕府は金を扱う豪商や両替商たちに財政均衡の役を負わせ、有無を言わせずに金を融通させたのであった。そのため豪商といえども貯えが手薄な場合は店を畳むしかなかったのだ。

幕府が採用したもう一つの経済政策は貨幣の改鋳で、これはインフレを誘発することが必至となる。しかし、貨幣経済が主流となった時代においては、幕府にはこのような強引な経済政策しか打つ手がなくなったのである。大名貸しで豪商となった升屋にとっても、身勝手な要求をする藩及び御用金をたびたび押し付けてくる幕府には散々手を焼いたことであっただろう。

蟠桃による升屋の差配

少し横道に逸《そ》れた。蟠桃の話に戻ろう。先に述べたように、一七七一年に四代目の平右衛門重芳が家督を受け継いだのは、重芳がわずか八歳のときである。このとき蟠桃は二四歳で、早くも別家の筆頭として升屋を背負って立つことになった。当時の升屋はまだ豪商と言われるにはほど遠く、このときに升屋が持っていた財産は、蟠桃の「遺訓」によれば「六〇貫目之有銀」でしかなかった。これを金に直すと約一〇〇〇両で、現在の金額で言えば九〇〇〇万円程度だから、大名相手の商売をするには元手が少な過ぎる状態で、升屋は「身上投げ出し」の危機にあった。それを切り抜けたのはまさに蟠桃の才覚なのだが、世は田沼意次《おきつぐ》（一七一九～一七八八、老中在任は一七七二～一七八六年）の時代で、商業資本が大いに進展したことが追い風となったのは確かであろう。

このような元手が少ない状態で大名貸しに深入りするのは危険であるとわかっていながら、蟠桃は思い切って大名貸しを本格的に推し進めた。仙台藩や岡藩・古河藩に食い込んで米の売買取引を拡大して升屋の破産の危機を乗り切ったばかりでなく、豪商の仲間入りをするようになった。幸いにも安永の時代（一七七二〜一七八一年）は大きな天変地異が比較的少なく、商売の土台を据えることができたのである。この間、蟠桃は一七七三年に結婚している。

ところが、続く天明の時代（一七八一〜一七八九年）に入ると、打って変わって数々の天災に襲われた。一七八二年から八七年まで続いた天明の大飢饉、八三年の浅間山の噴火、八六年の関東での大水害と江戸での大火などである。田沼政治が行き詰まる中での天災の頻発で物価が高騰し、百姓一揆や打ちこわしが続々と起こって、世の中が騒然としてきた。特に、東北では大飢饉が続き、仙台藩は収入不足に陥り、升屋から大きな借金をしたのみならず、それを踏み倒しかねない事態となって、升屋に重大な危機が訪れることになった。

そこで蟠桃は、危機を回避するための縮小策を採らず、むしろ危険を分散させることを目的として、取引する藩を全国に展開するという思い切った拡大策を採用した。実際、先に述べた仙台・館林・白河・岡・長岡・古河以外に、水戸・越前《えちぜん》・川越・岸和田・忍《おし》（武蔵《むさし》）・高槻《たかつき》・亀山・熊本新田など日本各地の藩の大名貸しへと手を広げたのである。天災は全国一律に起こるわけではないから、面倒を見る地域を分散させておけば、天災を被らない地域からの寄与があって補塡することができると考えたのだ。困難に萎縮するのではなく、保険を兼ねた積極策を採用したと言えるだろうか。

しかし、なんといっても問題は仙台藩で、雄藩であるだけに融通する金額が大きく、儲かるときの収入は非常に大きい一方、逆にリスクも尋常ではない。豊作の場合には莫大《ばくだい》な実入りがあるのだが、東北では天候不順による飢饉が数年続くことが多く、資金を融通しても焼け石に水で、貸金ばかりが膨れ上がった挙句に踏み倒される危険性がある。そこで一七八二年（天明二年）から、蟠桃は弟の与兵衛を仙台に派遣して財政状況を監視させることにした。打ち続く天明の大飢饉のために仙台藩は大きな借金を背負って財政逼迫状態に追い込まれているときであり、与兵衛は経費節減の指導に大わらわであった。

当時、いわゆる「経世家」が出現した。孔孟など中国の古典に詳しく、しかしその旧式な考え方には囚《とら》われずに、実学重視で自由な発想によって現実を変革して経済的な困難を克服しようという者たちである。その代表が本多利明（一七四三〜一八二〇、海外貿易に目をつけた）、海保青陵《かいほせいりょう》（一七五五〜一八一七、新田開発など国内産業の発達を主張した）、佐藤信淵《のぶひろ》（一七六九〜一八五〇、重商主義的な殖産興業策を提唱した）などである。いずれも生涯のほとんどを決まった主人には仕えず、在野の知識人として私塾を開いたり講演旅行をしたり本を書いたりして、自分の意見を世の中に広めようとした典型的な「経世家」たちであった。

地理天文に詳しかった本多利明のことは『司馬江漢』で少し言及したが、ここで取り上げるのは海保青陵である。青陵は、『稽古談』『天王談』『陰陽談』『富貴談』というように『××談』と名付けた著述が多くある。中国古典の膨大な知識の上に、各地を遊歴するなかで経験し学んだことを交えて、あちこちで庶民目線で商人や町人相手に講演した内容をまとめたもので、誰にでもわかりやすいよう片仮名交じりで書いている。経済的な実利に関わる講談調の談義が主で、あちこちで見聞してきた優れた試みや苦境を救った知恵など次から次へと話が繰り出されていて飽くことがない。そうした著作の中で何度も、升小（升屋小右衛門、蟠桃のこと）や升平（升屋平右衛門、重芳のこと）の名が登場して、商才に優れた取り組みを行ったことを褒めている。その談義を紹介しておこう。

差し米のエピソード

最初に紹介するのは、「大坂の升屋平右衛門の別家番頭の小右衛門という男の、差し米ということを願いたるなどは妙計也」（『稽古談巻之二』）である。既に述べたように、升平（重芳）は仙台藩の銀主（財政担当）である。当時は仙台米を仙台から下総の銚子《ちょうし》に運んだ後、江戸に廻送するにあたり、仙台・銚子・江戸の三カ所で廻送米の検査が行われていた。その三つの役所にかかる経費はかなり大きく、どこが負担するかが問題になる。ところが、必要経費に関する常識がない武家に経費を要求すれば、直ちに升屋への廻送依頼を取り消して別の店に変更すると言い出しかねない。しかし、いつ金を取ったかわからないように巧く工夫すれば経費を吸収することができる。そこで、升小（蟠桃）が一計をめぐらせた。米を決まった値段の通りに売買することしか知らない武家に付け込んで、「差し米」を願うことにした、という次第の裏話である。

「差し米」とは、農民が収めた米の品質を調べるために、竹を斜めに切った「刺」を米俵に突っ込んで米を抜き出して診《み》るという検査のことである。抜き取った米は戻すのだが、いくらかはこぼれ落ちる。大坂の米問屋では、このときに落ちこぼれた米を箒で掃き集めて持ち帰る権利が株として売買されていたという。何しろ、毎朝の検査でこぼれ落ちた米を集めるだけでも四～五升にもなるから、それを拾い集めて持ち帰るのを権利として認めたのである（それだけでなく、大坂で中仕、江戸で小揚と呼ぶ、船から河岸に荷揚げする者がわざとこぼして、米を掃き集める者に拾わせたそうだ。貧しい者同士の相互扶助の行為であった）。

升小は、役所の費用を自分たちが負担する代わりに、このこぼれた米をただでもらう権利を仙台藩から得たのである。武家は米など天から降ってくるくらいに思っており、一俵にどれくらい米が入っているかさえ知らない。それが真の武士の態度だと心得ているから、差し米による減り米なんてたいしたことはないと判断して、蟠桃の申し出を問題にせず受け入れた。この検査は、米の出荷時（仙台）と輸送中（銚子）と米仲買所に到着したとき（江戸）の、都合三回行われる。仙台では米の等級を決めるため、銚子と江戸では輸送の途中で中身が粗悪な米にすり替えられていないかの品質検査のためである。三回も「差し米」を行うと、一俵当たりの減り米は合計で一合近くにもなる。

当時仙台から江戸に運んでいた米は一年に約二五万石であった。一俵は四斗＝〇・四石だから二五万石は六二万五〇〇〇俵になり、一俵当たり一合なら六二万五〇〇〇合＝六万二五〇〇升＝六二五〇斗＝六二五石もの差し米を手に入れることになる。海保青陵は一年で六〇〇〇両の儲けになると大げさに言っているが、それは過大な見積もりで、当時一石が一両とすると六二五両程度であった（現在の米の価格を一〇kgで六〇〇〇円とすると一石は一五〇kgで九万円程度だから、六二五石で五六二五万円になる）。それだけの収入になると、三カ所の役所の備品や消耗品や人件費などで二〇〇両程度を支払っても、升屋は差し米だけで四〇〇両余りを儲けたのである。

青陵は、

「今これほどの費用がかかるから、（役所の費用として）毎年金二〇〇両お下げくださるべし」と言って願っても叶わないのだけれども、差し米と言って願えば叶うということを見抜いたことは大いなる智恵であると大褒めである。一方で、「武士は利に疎く、天理に詳しくないことから、物事の筋道をよく理解しないため」自分たちの損失に気がつかないのだと、武士の形式化した学問を鋭く告発している。「差し米拝受」を願い出れば認められたように、うまく工夫して武士の無知に付け入ればよい、そんな智恵を出すことが必要だと説くのである。

そして、総括するように、

学問というのは、昔のことに詳しいばかりでは駄目である。今日ただいまのことに詳しいのが良き学問というものである。およそ今の時代に暗いのはムダな学問というものである。升小は学者である。升平も良き学問である。身上をよくするはずである

と、現実に有効な学問こそ重要だと述べて実学重視の自らの学問観を披瀝しつつ、升屋小右衛門や平右衛門のように才覚を発揮して身上を大きくする商人こそ良き学者・良き学問・良き商人であると激賞している。

この教訓は、「チリも積もれば山となる」という諺《ことわざ》通り、一つ一つはたいしたことがないと見逃していることであっても、実際に集めれば大きくなることを示している。そのような実例

を示して、細かなことにも気を遣って物を大事にすべきとしたのは、蟠桃の升屋経営の極意というようなものと言えるかもしれない。というのは、折からの大飢饉で米が値上がりしたため升屋は何万両という桁で大儲けしたのだが、そのことに浮かれず、差し米のエピソードのような地道な努力こそ大事であることを店で働く者たちに示したかったのではないかと思うからだ。むろん、東北の農民たちが一握りの米すらままならない厳しい飢饉の下で苦しんでいることも、蟠桃の頭にあったに違いない。

升屋札の発行

もう一つは、青陵が「升小が工夫にて、仙台侯の御身上ずっと立て直したる由来を聞くに、米の切手也」(『稽古談巻之二』)と書く話である。商業活動が活発になって金の動きが大きくかつ頻繁になると、現金の支払いや受け取りは厄介になって、米切手(米の落札者に渡す預り証書・保管証書)、振り手形(両替屋の預金者が振りだした預金証書)、為替手形(振出人が支払人に当てた、受取人に支払うよう委託した手形)など、いつでも金に換えられる切手や手形が財貨と同様に流通して、それによって決済が行われるようになった。現金を持ち歩かなくても売買取引ができるようにするための工夫である。

その中に「空米先納」があった。金策に苦しんだ藩が、収穫がどうなるかわからないのに産米の米切手を予約発行して仲買から金を借りる手法のことである。種類としては、田に稲を植え付けた後の「青田売買」だけでなく、植え付け前の「黒田売買」があり、さらには田に雪のある間に産米の売買契約をする「白田売買」もあったそうだ。このように、当座の金繰りのために発行する手形の多くは支払いを先延ばしにするための手法で、事実上の借金である。時間が経つうちに利息が増えていくので、ウカウカしていると支払うべき手形ばかりが溜《た》まって支払い不能となり、追い詰められると踏み倒すという手荒な仕儀になってしまう。借金がいくら累積しても藩は潰れないが、中に入った仲買商や大名貸しは債権の金が回収できずに倒産に追い込まれる。そこで商人たちも自衛のためにいろいろ工夫をすることになる。

青陵が書いている自衛策の一つは、武士から金を返してもらうことを当てにせずとも損をしない合理的な工夫で、簡単に言えば元利を合わせた額を毎月利息として取り立てるという単純な方法である。わかりやすい例で言えば、金を貸して毎月一割の利息のみを一年間取り立てるのである。一年で利息の合計は一二割となるから、それだけで元金にあたる一〇割に加えて余剰分の二割を手にすることができる。これが大坂の商人が採用していた武家の借金踏み倒しに対する通常の自衛策であったらしい。一年後に元利合計を一括請求すると金額が大きくなって、武士は難癖をつけてなかなか支払わない。しかし、毎月借金の一〇分の一だけを支払うことにすると、そうたいしたことはないと考えるのか支払いに応じてくれる。武家の無知に付け込むのである。むろん、この方法は藩全体の財務には適用できない。小口も含めると該当する借金が膨大になり、あまりに事務作業が多くなって、藩に経理を担当する勘定方を置いていても対応できないためである。

蟠桃は、藩にも升屋にも儲けとなる別の方法を考えた。それは、農民から買い上げた米の代金を、「米札」と呼ぶ藩内だけで通用し、米の売買でしか使えない藩札で支払うという方法である。一八〇八年（文化五年、蟠桃六一歳）の頃のこととされているが、このとき江戸の米価が下落して大口の取引先の仙台藩の借財が増え、升屋の商売にも赤信号が灯《とも》るようになった。このようなデフレだと、庶民にとっては物価が下がるので良いようなものだが、収入も減るので金回りが悪くなり、商取引全体が低調になる。つまり緊縮経済が強いられたのである。ところが、武士は生活レベルを下げようとしないので藩の財政は悪化する一方になり、金を貸している升屋にも運用すべき金が払底するから大ピンチとなったのであった。

このとき蟠桃が編み出した奇策が「米札」であった。農民から買い上げた米代金をもとに「米札」（「升屋札」とも）と呼ぶ一種の紙幣を発行し、農民から米を仕入れるときにはこの札で支払って現金を使わない、つまり藩内でのみ通用する米札支払いとしたのである。当時、藩札を発行することは幕府から禁止されていた。というのは、藩札は現代の赤字国債のようなもので、藩内の売買でのみ使っている限りにおいては普通のお札と同様に通用するが、藩外の人間

（他藩の商人や渡り職人や旅行者）が手にして現金と交換することを請求すれば、そもそも現金を持っていない発行元の藩は困ってしまい、難癖をつけて踏み倒すしかない。そのような事例が各地で頻繁に起こって訴訟沙汰が頻発したため、幕府は藩札の新規発行を禁止したのである。

蟠桃の工夫は、「米札」と称して建て前は米の売買のみに限るとしたことであった。そうすれば、何でも購入できる商品券ではなく、特定の品物しか買えない品物券（例えば洋服券とか靴券）と同じだし、そもそも換金できないのだから違反ではない、という理屈になる。こうして幕府の禁制を切り抜けたのであった。実際、藩外の人間がこの「米札」を入手しても米としか交換できないから換金するのに手間がかかり、「米札」に手を出そうとしないことも蟠桃は計算していたのだろう。

こうして「米札」を使って手に入れた米は、江戸に運んで現金に換え、現金の需要の多い大坂に移せば利息を生ませることができる。青陵に言わせれば、

十万両のぼせれば（回せば）、五朱（利率のことで五分）の利息にしても、五千両は一年に浮くことになる。百万両のぼせば五万両ずつ年々に増えることになるから、これによって古借（昔の借金）をだんだんに片付けることができる

というわけだ。そして、デフレからインフレになった時点で、「升屋札」を領内から買い戻すのである。こうすれば貨幣価値が下がった分だけ丸儲けになる。
例えば、一朱（貨幣の単位で一両の一六分の一）の升屋札で米一升を買い上げ、何年か後に、今度はその升屋札を同じ一朱で買い戻すとしよう。買い戻す時点では米の値段は二倍に値上がりしているとすれば、結果的には半額で米が手に入ったことになる。このようなやり方で仙台藩は財政を立て直す足がかりを得、升屋もボロ儲けしたのであった。もっとも、「升屋札」発行の旨《うま》みの多くを升屋が独占したため、あまり借金が減らせなかった仙台藩には不満が残ったらしいのだが。
青陵は自身が長く逗留し動向を観察していた加賀藩に対して、「加賀藩では金が少なくてギチギチしておりながら、米札を作らぬということは大失敗である」と言って、同じような策をそそのかしている（『新懇談』）。そして、「去る申《さる》年（一八一二年）夏、升小がまた江戸へ願い出て、米札を江戸でも通用するようにということであったらしい」と、蟠桃が新たな案を幕府に対して提出したようだと言っている。だから、青陵は、今さら加賀藩が願い出てもだめで、
およそ米札のことでも、差し米のことでも、早く提案・提起しなければ人に先を越されてしまうことがわかるだろう

と、何ごとについても新しいアイデアを早く出すことが肝心と言っている。蟠桃には先見の明があったのである。

親類並扱い

升屋は一七八四年に火災に遭って店を全焼している。天明の大飢饉のさなかで仙台藩の借金が膨れ上がったために経営が非常に困難な時期であったが、何とか乗り切った頃にこの火事が起きた。これによって帳簿類がすっかり焼けてしまい、それを聞きつけて嘘《うそ》の請求をしてきた取引先があったそうだが、蟠桃は金銭の出納すべてを記憶していて、相手の偽の請求を退けたというエピソードがある。真偽はわからないが、蟠桃の記憶力が抜群であったのは確かなようだ。新たに建てた店は鴻池屋や加島屋の近くで、この梶木町の店舗で升屋は蟠桃の功によって体力をつけ、多くの藩の財政を担当するようになったのである。

しかし一七九二年には、大坂中に広がった大火災に遭遇して再び升屋本店は焼失してしまった。ここで蟠桃は一大決心をして火災に強い店づくりを行っている。焼け落ちた隣近所の焼け跡をも購入して敷地面積を拡大し、隣家の火によって類焼しないよう建物の位置を敷地の境界から下げたのである。延焼しないための緩衝地帯を自前で設けたのだ。また、中二階には塩薦《しおごも》

（塩を囲った莚《むしろ》）を備えておき、いざという場合にはこれで屋根を覆うような仕掛けもした。火災に強い家を考えて即実行する、蟠桃の合理性がよく示されている。

蟠桃のこれらの功労に報いるためとして、一八〇五年に、主家の升屋平右衛門重芳から「親類並申し渡し」があり、一代限りという約束で山片姓を名乗ることが認められた。以前から蟠桃は升屋の筆頭別家として差配していたのだが、これ以後蟠桃は長谷川有躬改め山片芳秀と称するようになったのである。同時に、長男の小三郎も山片芳達《よしたつ》と名乗ることが許された。もっとも、芳達は蟠桃が亡くなってすぐ後に、律義にも「親類並一代限りに願い出、家来の籍に入」った、つまり約束を守って山片姓を返上して元の長谷川姓に戻っている。しかし、奉公人である番頭が主家の一員に親類並みとして遇されるようになったのにはどのような経緯があったのだろうか。この事情は重芳が書いた「親類並申渡書」を読めばよくわかる。

その「申渡書」では第一項で、「小右衛門については、此の度親類次席に申し付け、名字を遣うこと」と山片の姓を使うことを許している。そして第二、三項で、「先代以来三五年にわたって小右衛門一人が支配役を勤め、私（重芳）が六歳のときより世話厚く、跡目の争論のときは私を守り立てて家督を継がせて身上仕分けを差配してくれた」と、跡継ぎ騒動のことを述べている。そして、第四項において、「升屋は中途で身上が危うくなりかけ、且《か》つ二度も火災に遭ったが、蟠桃が滞りなく守り立ててくれた」と困難を克服してきたことを挙げる。

続く第五項では、「岡藩の財政が難渋していたとき世話をして立て直したことから、銀主として御用を仰せ付けられるようになった」とあり、第六項でも、「仙台藩も同様に難しいところを、いろいろ苦労して国政まで助言申し上げたこともあって、おいおい立ち直って備蓄できるようになり、遂にこちら（升屋）に蔵元を仰せ付けられることになった」と、藩に食い込んで財政担当になることに成功した手腕を高く評価している。さらに第七項で、「白河様始め、大坂町奉行へ召し出され、いろいろご意見お聞かれになった」と、誇らしげに松平定信（白河様）の名まで動員している。松平定信との関係は後述する。

その次の第八項がユニークである。「学力和漢に達し、天文地理など及び西洋の暦術までも嗜《たしな》み、其の他著述もの有の候事」と、蟠桃が懐徳堂で和漢の学問を学び、天文・地理などの新しい窮理の学や西洋の暦術（太陽暦）にも詳しく著述もあると、その学知の幅の広さをここに書き込んでいるのだ。こんなことは、わざわざ「親類並申渡書」に書くことでもないと思うのだが、蟠桃の学問への傾倒も併せて受け入れるとの気持ちなのだろう。というのも、第九項では、「我らを始め別家や若い衆など店の者の算学を心底より勧める」という文言があり、第一〇項で「竹山・履軒両先生に対しては、他の人とは別扱いで懇意に付き合う事」と、懐徳堂の二人の先生である中井竹山と中井履軒は特別扱いすることまで命じ、学問に対する寛容な側面を見せているからだ。懐徳堂や蟠桃の著述については以下で詳しく述べる。

『草稿抄』

蟠桃は、三〇代の頃から漢詩などの詩文を多く書き残しており、自らへの励ましや覚悟、日常生活の喜怒哀楽などを詠うとともに、家族の者への思い、友人・知人との間の交歓、社会に対する意見、旅の記、四季の訪れなど、その時々の興に応じて漢詩や文章の形でさまざまな心情を書きとめてきたのである。一八〇五年頃に、自らの手でそれらの詩や文章を種類ごとに六巻に分け、それぞれを年代順に並べて『草稿抄』として編集をしている。升屋の親類並みとなったことで自分の生き方に区切りを付けようと、これまでの作品を読み返して整理したのではないだろうか。

六巻の中身は、以下のようになっている。

巻之一　五言古詩　一一題一一首、七言古詩　一九題二二首
（古詩：中国の古典詩）

巻之二　五言律詩　九八題一一〇首、五言排律　八題八首
（律詩：一首が八句から成る定型詩、排律：一首が一〇句以上の偶数句から成る定型詩で長律

ともいう）

巻之三　七言律詩排律附　八七題九〇首
巻之四　五言絶句　三四題四三首、七言絶句　一九九題二五八首
　六言附絶句律排律亦附　八題一一首
　（絶句：起承転結の四句から成る定型詩）
巻之五　序跋五篇、記七篇、論五篇、説二篇、弁一篇、弔文一篇、記事一六篇
巻之六　紀行尺牘九篇

ということで、詩の合計は四六四題五五三首、文章の合計は四六篇である。升屋の番頭として辣腕を振るい、顧客や商売仲間との複雑で厄介な人間関係をこなしながらも、詩の世界に遊び、これだけ数多くの作品を残したことに驚嘆する他ない。

巻之一、巻之二には、その最初に「播陽　長谷川有躬述　改山片芳秀」とあり、巻之三以下には「改山片芳秀」が省かれている。このことから、『草稿抄』を自らの手で編集したのは、升屋の「親類並」となって山片の姓を名乗るようになった一八〇五年前後であるとわかる。集めた漢詩や文章の年代を調べたリスト（末中哲夫氏作成）を見ると、一七八〇年代から一七九九年までの作品がほとんどである（ただ一篇だけ一八一五年の文章が入っている）。蟠桃の三〇代か

ら五〇歳頃までの作品で、仙台藩などの蔵元という大変な仕事をこなしつつも、時間があれば詩歌を創作することを楽しんでいたのである。

子を想う

蟠桃は、一七七三年（二六歳のとき）に山口屋七兵衛の娘のぶと結婚し、七四年に長女りゅう、七六年に二女こと、七八年に長男三蔵（小三郎、芳達）が生まれている。『草稿抄』には、「幼女詞」と題する二首の五言絶句を残している。

未知室四方　嬌痴坐閨房　随母開明鏡　慇懃学晩粧
（未だ部屋の四方を知らず、愛らしく無垢《むく》な子どもが寝床に座っている
母に従って曇りのない鏡を開いて、礼儀正しく化粧を学んでいる）

女児五六歳　巧拙未可知　唯懐小木偶　頻作愛憐詞
（五、六歳の女の子がいる　上手下手については知ることもなく
ただ小さな木人形を胸に抱いて　しきりにやさしく語りかけている）

この二つの漢詩は同じ頃に創られたと考えられ、二つ目の詩編は五～六歳の女の子が登場するから長女のりゅう、最初の詩編はもっと幼い女の子が詠われているから二女のことであろうと見当がつく。どちらも、女の子が鏡や人形を相手にして戯れている様を短くスケッチしたもので、いかにも微笑ましげに子どもたちを眺めている自分を描写したということになるだろうか。忙しい日々の中で、ふっと息を抜いて子どもたちを慈しむ気分がよく表れている。このように、最初と二人目の女の子については漢詩を創っているのだが、三人目の三蔵に対しては特別に詠うことはなかったらしい。

弟与兵衛を想う

蟠桃は、一七八二年に四歳年下の弟与兵衛（字は季烈）を升屋に呼び寄せて勤めさせ、仙台に出向させ一七九三年には支配役に、一七九五年には江戸詰めに抜擢《ばってき》している。仙台藩への睨《にら》みを利かせるための人事配置であったのだろう。弟として可愛《かわい》がるとともに、同じ升屋の同志として頼りにし、お店のために忠実に働くことを大いに期待したに違いない。弟のことを書いた詩や文章を七つも残している。元旦に心改まってしみじみと語り合いたい気持ちや、遠く江戸や仙台に向けて発つ弟への励ましと無事を祈る気持ちを詩に詠み込んだものである。そのうち、

七言律詩　元日寄弟季烈
手紙　元旦与弟季烈書
七言絶句　憐家弟臥病

の三つを以下に紹介しておこう。

最初の「元日寄弟季烈」：

今日新正慶百蛮　知君迎歳武相間　東風雪滅芙蓉嶺　曙色氷開玉笥関
偏恨弟兄千里隔　只歓梅柳一時還　朝来椒酒孤斟後　楼上回首望遠山

（今日新しく正月を迎え世界中が祝っている
君は武蔵・相模辺りで歳《とし》を迎えていると思う
東風が吹いて富士の雪は解け
箱根の関でも曙のような赤い空の下で氷は解けているだろう
兄弟が千里も隔たっていることをひたすら残念に思う
ただ梅や柳がこぞって一緒に春を迎えるのを喜ぶ

朝から独りお屠蘇《とそ》を飲んだ後
上の階に昇って遠くの山を眺めるとしようか）

一緒に升屋に仕える弟に江戸の重要な仕事を任せられることを喜びつつ、ともに元気に働こうとの同志としての強い意欲が読み取れる。蟠桃は升屋の大黒柱として重責を担うとともに、やはり心が許せる弟のような人間が傍にいるのを心強く思っていて、彼に重要な仕事を託して江戸に向かわせたのであろう。君を信頼しているよ、ともに頑張ろうよ、という気持ちを清新な新年を迎える想いと重ね合わせたかのようである。

次の「元旦与弟季烈書」は、江戸にいる弟に対して出した手紙である。故郷にいる兄も含めて三人が元気にやっていこうとの意気込みを漢詩にしたもので、その一部を抜粋すると、

三人同胞天倫之身、梅発于西播、柳芽于東武、唯桃在于浪華、而未萠、駑馬不従軍
（三人の兄弟には天に定まった道理があって、梅は西播《せいばん》に発し、柳は東武に芽吹き、ただ桃だけが浪華にあり、未だ萌《も》えず、駄馬はまだ軍に従わず）

とある。故郷の播州で綿の加工販売業を営む一番上の兄を咲き始めた「梅」にたとえ、江戸に

いる弟の与兵衛（季烈）を芽吹き始めた「柳」にたとえて、それぞれがこれから華やぐ春の木々のようだと励ましている。ただ、真ん中の自分は大坂の桃で未だ萌え出でておらず、駄馬なのでまだ役に立っていない、という。これは謙遜以外の何ものでもなく、このように少々茶化した言葉を連ねているのは、お正月らしく和らいだ気分であったのだろう。

ところが、蟠桃の代理として江戸に詰めている弟与兵衛が病を得ているという知らせが入った。蟠桃は異郷に病む弟のことを大いに心配したのだろう。このときの心境を詠んだのが三つ目の「憐家弟臥病」という七言絶句である。

蕭然茅屋有誰尋　家弟平生惜寸陰　不識斯人兼持疾　莫愁廉直大夫心

（静まり帰ったあばら家に尋ねる者が誰かいるのだろうか
我が家の弟は日ごろは一刻の暇も惜しんで働いていた
この弟が以前から病気を持っていたことを知らなかった
正直で心の清い立派な男の心が愁いに負けないでほしい）

遠く江戸の地にあって一人寂しく布団にくるまって病と闘う弟を想像し、日ごろまめまめしく働いていた姿を思い出して、彼が病気持ちであったことを知らないままであった自分を悔いている。その悔恨を抱きつつ、互いに負けないよう頑張ろうと励ます熱い気持ちが感じられる。しかし、弟は一八〇〇年に亡くなった。四九歳であった。

この弟の死の衝撃から、そろそろ自分にもお迎えが来るかもしれない、それなら自分の言いたいこと、考えたことをまとめておきたい、と一大決心をしたのだろう。この『草稿抄』を編集したのが一八〇五年頃である。また、後述する『宰我の償い』をまとめたのは一八〇二～一八〇三年頃で、それを書き改めて『夢の代』の構想を固めたのが一八〇四年頃、最初の原稿が一応まとまったのが一八〇七年頃とされている。だから、蟠桃は弟を亡くした一八〇〇年から一八〇七年までの間、升屋番頭から升屋別家親類並みとして身を処しながら、自らの存在証明とばかりに、実に精力的に創作活動に取り組んだことと推測される。

蟠桃という名前

ここで「蟠桃」という名の所縁《ゆかり》を述べておこう。偏平形で真ん中が少し凹み、やや小ぶりの「蟠桃」と呼ばれる桃が和歌山や福島などで栽培され販売されている。非常に甘くておいしいという評判で、あまり生産量が多くないので広く知られておらず、手に入りにくい。中国では、桃が持つ呪力が鬼や禍《わざわい》を追い払うという信仰や、あるいは幸をもたらす桃源郷への憧れが伝統的にあり、漢詩にも多く詠われてきた。その影響を受けて、日本でも神話や民話に桃にまつわる話はいくつもある。例えば、『古事記』において、イザナギが亡くなったイザナミの体を見て黄泉《よみ》の国から逃げ帰る際、黄泉の軍勢に追いかけられ、桃の実三個を取って投げたところ黄泉の軍勢は退散したという神話に象徴的に使われている。また、桃太郎の鬼退治は桃の魔力を具現する民話であることは明らかだろう。

「蟠桃」ということになれば、さらに中国には数多くの伝説・言い伝え・物語がある。もともと中国では、蟠桃とは道教の女神で不老不死の西王母《せいおうぼ》が管理する桃園に育っている「仙桃」のことで、三〇〇〇年に一度しか実らず、食べた者は不老長寿になるという。その名を掲げた「蟠桃会」は西王母の誕生日の三月三日に催され、日本の桃の節句はこれに因《ちな》んで定められたという経緯がある。

蟠桃と呼ぶのは、『山海経《せんがいきょう》』の「度朔《どさく》山伝説」に起源がありそうで、「東海の中に、度朔の山があり、上に大きな桃の木がある。その屈蟠《くつばん》すること三千里、その枝間の東北を鬼門と言い、万鬼の出入りする所である。上に二人の神人がいて、一人は神荼《しんと》と言い、一人は鬱塁《うつりつ》と言って、万鬼を取り締まっている」という話を伝えている。「屈蟠」とはくねくねと曲がって枝を広げているという意味だから、折れ曲がって枝が大きく広がった神聖な桃の木になる実が「蟠桃」ということになる。西王母――桃園――屈蟠した桃の木――蟠桃というつながりで、桃の呪力によって鬼を払う威力が発揮されるとの言い伝えの象徴である。桃の品種である蟠桃は、『山海経』の後半部にある鬼門と神荼と鬱塁の話とを結びつけるのだが、あまり話が外れてしまうのでこれ以上故事を追うのは止めておこう。ちなみに、この西王母が所有する「蟠桃園」の管理人に任ぜられた孫悟空が、蟠桃会で供されるはずだった桃を食べて不老不死となったという話がある。また、中国では現在も蟠桃会にまつわる行事が催されているそうである。

というふうに、蟠桃という言葉は中国ではごく身近なのだが、日本では普通は単に桃としか言わないから、なぜわざわざ自分の号として蟠桃という名を付けたのか、という疑問が生じる。この名を使っているのは、『宰我の償い』（全七巻）の各巻の最初に「大阪　蟠桃　偸言子述」と記載している箇所だけであり、これ以外にはほとんど使っていない。にもかかわらず、それがそのまま彼の通り名として通用しているのである。おそらく豪商升屋の番頭として名をはせた矜持が胸にあり、蟠桃と名付けたことに一種の衒《てら》いと自信と、しかし自らを韜晦《とうかい》しておきたいとの気持ちが混じっていたのではないだろうか。「偸言子」（言葉を盗む人間）と自嘲的に述べていることも、その気持ちの表れと思われる。それだけに三〇〇〇年に一度だけ実を付ける蟠桃のごとく、思い切ったことを書くぞとの決意も込めて蟠桃という名前を採用したのであろう。

『論語』では「宰我」は、昼寝ばかりしていて孔子に叱られている出来の悪い弟子だが、「孔門十哲」の一人とされ、「言語（弁説がさわやか）は宰我」と言われた人物である。つまり、宰我は自己主張をしっかりする人間であったが、孔子は口先だけの男だと批判したのである。実際に、彼は孔子の講義中であっても居眠りをしている。権威に踊らされず、合理主義というのか、形より実質型の人間で、アレコレ言われても深刻に取らず、あっさり忠言を無視してしまう人間でもあったようだ。「十哲」の一人なのだから、優秀であったのは確かである。

蟠桃が自分の著作に「宰我」の名を採用した理由について、巻之六の冒頭に「去年の夏、昼寝をしないよう、思い出すままに数年来の想いを書きつらねてきたのだが、今年、五月雨の頃になって、かつてのように宰我の昼寝をしそうになった。そこで、前と同じように、再び硯《すずり》に向かって居眠りをしないように努めた。去年はおおよそのことしか書けなかったのだけれど、今年はそういうことにもならず、ただ筆が動くままに書き連ねることができた」と記しており、自分として書き続けようとの気持ちを強く心に決めたとの思いを披瀝《ひれき》している。そして、懐徳堂で世話になった中井竹山と中井履軒の両先生に、『宰我の償い』を閲読してもらっている。ここで懐徳堂のことについて簡単に解説しておこう。

懐徳堂

浪華の学問所「懐徳堂」は、一七二四年に大坂で大火のあった後、鴻池を始めとする五人の豪商が町人のための私塾を作ろうと金を出し合って、尼崎町に講舎を建設したのが発端である。「懐徳堂」の名の由来として、『論語』里仁篇にある「君子懐徳、小人懐土（君子は徳を懐《おも》い、小人《しょうじん》は土を懐う）」から採ったとか、初代の学主となった三宅石庵《せきあん》（一六六五〜一七三〇）が『詩経』の「予懐明徳（予、明徳を懐う）」から採ったという説がある。

創立から二年後に幕府が公認して、講舎の地に隣接した諸役免除の土地が認められた。つまり官許民営の学問所となり、学主三宅石庵、学問所預り人中井甃庵《しゅうあん》（一六九三〜一七五八）の下で正式に懐徳堂となったのである。学主はいわば校長であり、預り人とは実務交渉を行う代表者（事務局長）のことを指す。さらに出講者として教授（学主）・助講・助教などが必要に応じておかれた。

懐徳堂の玄関には校則とも言うべき「壁書」が掲げられており、第一条に、「学問は忠孝を尽くし、職業を勤めるなどの上にあるべきことであり、講釈もこの趣旨を説き進めるために用意するものであって、書物を持たない人も聴聞することができる。どうしても叶わない用事が

（上）大正期に再建された懐徳堂（重建懐徳堂）の写真（一般財団法人懐徳堂記念会所蔵）。
（下）懐徳堂の書幅。三宅石庵筆（大阪大学大学院文学研究科所蔵）。

できる場合は、講釈が半ばでも退出してもよろしい」とあって、忙しく働く者たちのための学問所であることを打ち出している。第二条には、「武家たちは、上座に就くことができるが、講釈が始まった後に出席する場合は、その差別はないものとする」と武士が上座に就く特権を認めていた。しかし、一七五八年に出された「定書」には「門人たちの交わりは貴賤貧富に関わりなく、皆同輩とすること。大人・小人の差異はあっても構わないが、座席などは新旧・長幼・学術の浅深に応じて、各々が互いに譲り合うこと」と武士の特権も剝奪している。

一七三一年には二代目学主兼預り人に中井甃庵が就任し、一七三九年以来五井蘭洲《ごいらんしゅう》（一六九七～一七六二）が助教になって守り立てた。一七五八年に甃庵が亡くなると石庵の息子の三宅春楼《しゅんろう》（一七一二～一七八二）が三代目学主となり、甃庵の長男である中井竹山が預り人となった。しかし、春楼は体が弱い上に薬（「返魂丹」）の売買を副業に行っていたようで、懐徳堂の実質的な経営は竹山が行っていた。

この時期に竹山が中心になって行った活動に「孝子・貞婦顕彰事業」がある。例えば、竹山の妻の郷里である山城国葛野《かどの》郡川島村に暮らす孝子儀兵衛の援助のために募金運動を行い、一七七〇年に領主から表彰されている。実は私が現在居住しているのは川島町であり、近所の冷聲院で毎年孝子儀兵衛祭が開催されているので、わざわざここで取り上げた次第である。蟠桃が懐徳堂に通うようになったのはこの頃ではないかと推定されている。

懐徳堂の学者は儒学の経典研究に打ち込み、四書・五経の読解を講義するのが仕事なのだが、学者それぞれの考えに従ってどこに重点を置くかは異なっている。石庵や春楼が採用した学風は、朱子（朱熹《しゅき》）の学説と陸象山《りくしょうざん》と王陽明の説（陸王学）を結び合わせた「朱陸併用」または「朱陸一致」と言われるものである。陸象山は陽明学の始祖というべき人物で、石庵や春楼の学風は「外朱内王の学（朱子を外に、王陽明を内にする学）」とも呼ばれたらしい。これを世の人々は「首は朱（朱子）、尾は陸（陸象山）、手足は王（陽明）のごとし」と見做して、「鵺学《ぬえがく》」として悪口を言った。しかし、商売に専念する大坂の町人のための学問所である懐徳堂としては、正統論としての朱子の学説を説きつつ、「徳行を先にして学問を後にする」陸王学の主張とも結びつけるという、まさに「鵺の方法」を敢えて選んだのだろう。

一七八二年に春楼が亡くなって中井竹山が四代目学主兼預り人になった。彼は一八〇四年に亡くなるまで学主を務めるが、竹山が活躍したこの期間が最も懐徳堂らしさを発揮した時代と言えるのではないか。昌平黌《しょうへいこう》（昌平坂学問所）と並び称せられるまで懐徳堂の名を揚げたからだ。また、老中の松平定信と会見（一七八八年）して著書を進呈したり、後に述べるように蟠桃に『金銀歴史』をまとめさせ、定信にその労作を呈上（一七九六年）したりと、彼はさまざまな面で懐徳堂の存在を幕府に印象付けている。一七九二年に大坂の北船場や天満《てんま》を焼き尽くした大火事で懐徳堂の建物は炎上してしまい、その再建のために竹山は江戸に出かけて援助を授かるよう奔走した。結局七〇〇両かかった普請のうち三〇〇両を幕府から下賜され、残り四〇〇両は寄付や義金で賄ったという（これに対し、上田秋成〈一七三四〜一八〇九〉は独立独歩派で、幕府の庇護を受けたがる竹山に対して批判的であった）。竹山は実務的なことにも有能であったようだ。

竹山の学問は、事物それ自体に真実を求めて理を尊ぶ「性即理」や「格物致知《かくぶつちち》」の朱子学を基本としたが、これと対照的な、各人が持つ知である「心即理」に依拠して、知と行動を一致させる「知行合一」の陽明学にも親近感を抱いていた。さらに、孔子・孟子の原義に立ち戻るべきことを主張した伊藤仁斎《じんさい》の古学も許容するというもので、まさに鵠的であった。その本意は、過去の学者の論を絶対化せず、生活態度の中に道徳を実践することにあった。「学につとめて以て己を修め、言をたてて以て人を治む」と、学によって修養した自己を文章で表現すべきことを門人たちに勧めている。代表的著作は松平定信に提出した文章である『草茅危言《そうぼうきげん》』（一七八八～一七九一年）で、国家制度、物価、参勤交代、教育、廃寺排仏論などについて論じており、当時の社会・政治・経済に関わる問題を広く網羅している。その論旨は、後の蟠桃の『夢の代』に引き継がれているとされる。

竹山には履軒という名の二歳年下の弟がいた。竹山は二九歳のときに懐徳堂の預り人に就任し、人の上に立って目立つ仕事を進んで引き受けているように外交的であり、実用主義的な人間である。これと対照的に、弟の履軒は目立ったり名前を出したりすることを好まず、できることなら書斎に閉じこもって本を読んでいたいタイプであった。と言っても人間嫌いではなく、「水哉館」と名付けて私塾を開くとともに懐徳堂の講釈も引き受け、麻田剛立が動物の解剖を行った結果を本にまとめてもいる。さらに、三浦梅園と文通を行い、懐徳堂に批判的であった上田秋成が描いた鶉図に賛を草するという柔軟さもあった。彼は、自宅の方丈入り口に「華胥《かしょ》国門」の額を掲げ（「華胥」は昼寝のこと）、中国の黄帝が夢の中で遊んだという理想国に因んだ名前をつけ、その二階の部屋を「天楽楼」と呼び、「およそ幽人楽しむところは皆天なり」と称していた。「華胥国」をユートピアと仮想し、「幽人」（世を逃れた隠者）として生きたいと願ったのだ。

一七九七年に竹山は学問所預り人の席を長男の蕉園《しょうえん》（一七六七〜一八〇三）に譲り、やがて学主も後を継がせるつもりであった。しかし、蕉園は一八〇三年に没し、預り人は二男の碩果《せきか》（一七七一〜一八四〇）が継ぐことになった。一八〇四年に竹山が七五歳で亡くなって、碩果が正式に教授を兼任する。竹山が履軒に残した遺書には、「私が没後、学主の仕事をお願いしたい。老年で大変だろうが、引き受けて当校へ帰り住んでくだされたい」と書かれていた。しかし、履軒は名目上学主となったが、実質的には助講としてのみ協力を続けた。履軒は一八一七年に八六歳で亡くなっている。

以上が、蟠桃が懐徳堂に関わった前後の歴史である。蟠桃は、中井竹山・履軒両人に大いに世話になり、後に述べるように多大な影響も受けている。

松平定信との関係

右の経緯にも少し出ていたが、権力者松平定信と懐徳堂との間にどのような関係があったのかを瞥見《べっけん》しておこう。

老中田沼意次（老中在任一七七二〜一七八六年）の商業重視政策は、何事も税収増加に結びつける金権政治を横行させ、天明の大飢饉によってもたらされた物価高騰（インフレ）が亢進《こうしん》して行き詰まってしまい、一〇代将軍家治（一七三七〜一七八六）の死去に伴い田沼は辞職せざるを得なくなった。続く一一代将軍家斉は将軍就任時まだ一五歳であったため、老中に推挙された白河藩の松平定信（吉宗の孫）が将軍補佐役となって最高権力者の位置に就いた（老中在任は一七八七〜一七九三年）。そこで開始されたのが「寛政の改革」で、経済施策は田沼の政治とは真逆の方向へと進められた。農業を重視して植林・治水・開墾を奨励し、財政規模を小さくするため質素・倹約を前面に置き、出稼ぎや営利的副業などは禁止して慎ましく暮らす生活を強要した。つまりインフレに対して緊縮政策を推し進め、安定した経済状態を実現することを目指したのであった。

一七八八年一月、京都に大火事が勃発して御所や二条城が焼失した。定信は五月に御所の造営を名目にした現場視察のため京都を訪れ、その後に大坂に下って大坂城や住吉大社を訪れている。そのとき、定信は中井竹山に接見した。どうやら定信は前もってこの会談を考えていたようで、白河藩の蔵元であった升屋（つまり蟠桃）を通じて密《ひそ》かに打診していたらしい。竹山は懐徳堂を幕府が運営する公設公営の学問所とする夢を持っていたから、喜んで定信と会見したのであった。その場での定信からの質問は学問論や経済状況など多岐に及んだようで、竹山はそれにひとつひとつ答えた。さらに、自らの考えをきちんと整理して献策すべきことを思い、先に述べたように『草茅危言』と題した国家の制度や商業政策や土地開発など国家の経世を論じた全五巻の大作を定信に献上した。定信の「寛政の改革」の政策には竹山の献策による部分もあったのではないだろうか。
　定信が老中として権力を掌握していたのはわずか六年ほどで、一七九三年には将軍家斉から辞職を命じられ、本人からの申し出の形をとって老中職から降りている。しかし、定信の息のかかった松平信明《のぶあきら》（一七六三〜一八一七）らの老中（「寛政の遺老」と呼ばれた）たちがその政策を引き継ぎ、田沼派と批判された水野忠成《ただあきら》（一七六二〜一八三四）が老中に就任（在任一八一八〜一八三四年）するまで定信の路線が続くことになった。定信は辞職後、白河藩の藩主（白河侯とも呼ぶ）を一八一二年まで務めて息子に家督を譲っているが、やはりその後も実権は握っていたようで、簡単には権力を手放さないしたたかな人間であった。

松平定信肖像（鎮国守国神社所蔵）。

　一七九六年に定信から竹山を通じて蟠桃に「金銀の歴史」、つまり「貨幣の発達史」を論じるよう「下問」があった。田沼時代のインフレを抑制した定信であったが、今度は逆のデフレに悩まされ経済活動が停滞するという状況になって、貨幣政策を検討するための材料が欲しかったのであろう。現在で言う「財政」と「金融」のバランスをどう取るかの問題で、貨幣を改鋳すると貨幣の流通量が増えて財政を拡大させるが、貨幣価値が下がるためインフレになる危険性がある。一方、改鋳は行わずに財政の緊縮を維持しながら徐々に貨幣の量を増やすことでゆっくり景気をよくする方策も考えられるが、この場合も成功する保証はない。蟠桃は、貨幣の改鋳は不公正をもたらし社会の不安定を招くとして反対した。

なお、この「下問」を受けたとき竹山は、鴻池の番頭である伊助（一七五三〜一八三一）にも声をかけていた。伊助は完璧に調査しなければ気が済まない人間で、貨幣の歴史についてはまだ資料不足であるとして「下問」に答えることを辞退した。彼は鴻池から引退した後、独立して両替商を営むなかで、米相場などの記録を集め、資料の収集を徹底して行っている。そして、両替商を引退した後に草間直方《くさまなおかた》と名乗り、畢生《ひっせい》の著作である『三貨図彙《さんかずい》』を一八一五年に完成させている。同書は日本の貨幣史の集大成とも言える著作で、貨幣価値の安定性を確立するのは幕府の重大な役割であることを明確に述べていることで高く評価できる。この草間直方が幼い頃から勤めた鴻池は懐徳堂の有力なスポンサーであり、蟠桃より五歳若い直方も懐徳堂で教育を受けている。事実、竹山はまだ草稿の段階であった『三貨図彙』に序文を寄せており（一七九四年）、直方と交流を続けていたのである。

『夢の代』へ

さて、『宰我の償い』をいったん書き上げた蟠桃は、自分の師と考えている中井竹山から意見をもらっておこうと考え、草稿を見せている（一八〇二年）。尊敬する碩学《せきがく》に対して自分が学び思索してきたことの全部を曝《さら》け出しておきたい、との気持ちが強くあったのだろう。七三歳となっていた竹山は既に長男の蕉園や弟の履軒宛の遺書を書いている（一八〇〇年）こともあり、蟠桃もしっかりした意見がもらえるのは今しかないと考え、急いで書き上げたと考えられる。

校閲を頼まれた竹山は、気がついた部分に付箋を付けて一八〇三年正月に蟠桃に返している。その巻頭に、まず「この巻首にちょっと記すべきところを、巻を取り違えて誤って三の巻首に記したため、切り抜いてここに張り付けておく」という断り書きをしている。自分の失策を正直に書いており、実に律義な人であることがわかる。そして、切り抜いて張り付けた付箋に、竹山の読後の弁が以下のように書かれている。

この書、わずかに一度閲読をしただけです。少し気になった部分には付箋をしてお返しします。非常に多忙であるため詳しく読む暇がなく、ほとんど夜の仕事になりました。老眼のため、暗い灯の下で筆をとるのは大変で、文字が乱れていて読みにくいかもしれません。忙しいときは読み返す時間もなく、そのままにしていますので文字の間違いもあると思います。それらは適当に採択されればよろしい。あなたが巻中に書き入れた部分（おそらく頭註）は、非常に字が細かいため、なかなか読み進むことができず、少しは読みましたが全部を読み切れませんでした。清書が済んだ後に、また再読することにします

実に誠意ある読後感と言えよう。竹山はあまり長く自分のところに留めていては申し訳ない、はなはだ不十分なのだが、いったん返却しておこう、との親切心から完全ではないまま返答したのだろう。竹山も年をとって粘りがなくなっていたこともある。事実、その翌年に七五歳で亡くなっている。

蟠桃は、この竹山が加えてくれた校閲を参照して書き直し、再構成しながら書き継いで一応の完成を見た一八〇四年、今度は履軒の校閲を得ることにした。履軒から戻ってきた草稿にはなんと七五七もの付箋がついており、表現や内容について細かく注記がなされていて、書名も『宰我の償い』から『夢の代』に改めるよう提案があった。宰我のような昼寝をせずに書き進めてきたのだから、昼寝で「夢を見る代わり」とした方が良い、さらには蟠桃の主張はまさに

「夢の城」として築きあげたものである、そんな思いと意気込みを買ったのではないだろうか。『夢の代』の冒頭には「自叙」が付いていて、この書を書くに至った事情を蟠桃は前書きとして綴っている。その最後では、

この巻、初めは眠りを押しとどめて書いて『宰我の償い』と題していたのだが、履軒先生が問題にして『夢の代』と改めて題することにした。享和二年（一八〇二年）木星が戌の方角にある夏の六月吉日、隠れ市の散人、これを記す

とある。享和二年六月の日付があるが、これは『宰我の償い』の起筆の頃である。『夢の代』と書名を改めたのは一八〇四年とされるので、改題への言及は後になって書き足されたと推測されるが、執筆の趣旨は起稿当初から変わっていないので、日付をそのまま残したのであろう。

この「自叙」の最初で、竹山と履軒両先生に学びつつ、自分として考えたことを熱を込めて書いたものであると蟠桃は認めている。最終的に『夢の代』の稿が完成したのは一八二〇年で、その三年前に履軒が八六歳で亡くなっている。そして先の改題についての言及の前に、「その中には、国家の問題に及ぶようなこともあるだろうけれど、咎めることなきよう。ただこの内容は一家の者のみに止め、他人に見せる書ではない」と口止めの文言が記されている。この点

については、後に立ち戻る。

『夢の代』の「附録」

先走るようだが、『夢の代』の最後に、蟠桃がこの書の口述を終えるにあたっての締めくくりの文章を「附録」として加えているので、本文の紹介に入る前に掲げておこう。新刊書を手にして、その本をまとめた後の著者の感慨を知ろうと、まず「あとがき」を読んでから本文に戻るのと同じ気分である。「附録」には、長年かけて書き続けてきた内容を振り返るなかで、蟠桃の気持ちが正直に書かれており、それを読者も心に留めておく方がよいと思うからだ。

「附録」では、

私は、前から、夢の代わりを述べて子どもたちに与えようとしたが、そのまま二十年の間打ち捨てており、その内の十年余りは世間の俗事が長く続いて何もできなかった。特に、文化（一八〇四年）の頃から眼病にかかって、遂に盲目になってもう八年も経ち（従って、失明したのは一八一二年頃であろうか）、このため何事も果たさないままであった。ところが、去年から病に侵され、春には命が尽きるかもしれない状態になった。この書で言いたかったことが終わりになってしまいそうなので、誰かに託して世に残しておきたいと思い、病

気を無視して附録を作ることにした

と、これまでの執筆の進み具合から、眼病のことや体が弱って追い詰められている状況を書き、この本を急いで仕上げる気になった旨を述べている。

続いて本文の注釈として、宇宙のことについては自信があるだけに、やはりここでも一言付け加えておきたかったのだろう、

天地の間は、ただこれは天であり、ただこれは地であって、交わるものではない。そうではあるが、天と地が接する所は大きく食い違っている。地はひと塊のものではなく、ところどころに散在するものである。昔の天の図が狭いのは、恒星を外しているためである。今の天の図は広くなっている。恒星を皆取り入れているためである。天地の図解についてはーの巻に詳しく記しているから、ここでは略す

と、何か言いたげだがそこは抑制して書いている。本文を見よ、というわけだ。

そして、朱子学において天はいろいろに解釈されてきたが、

天地の間で丸いものは丸く、長いものは長く、四角でも六角でも出来次第であって、天体の間のある部分は充満して、ある部分には何もなく、詰まるということがない

と融通無碍《むげ》な、あるいは広大で何でもありの宇宙を語るのである。蟠桃は多種多様な宇宙の姿を思い浮かべていたのかもしれない。続いて、人間世界のことに話を移し、

国々に法律・制度があって、神祇《じんぎ》・釈教・恋・無常、さまざまあると言っても、天罰・天賞は決してない。『書経』『詩経』にも、その他の諸書にもあるように、いわゆる「天の見る、わが民によって見る。天の聞く、我が民によって聞く」のである

と、天が見聞きしているように、人々が見聞きすることこそが重要と説く。すべての判断を天に任せて、思考停止に至ることを批判しているのである。続く箇所でも「その外のことは皆、聖人民を教えるための方便であって、天のせいにしている」と政治のやり口を非難している。

また、

これらのことは仏の方便とも大いに異なっている。ただ、これらは天下の公が行っている

ことで、私事ではない。そうだとすると、天地の間には賞も罰もないわけで、天地の間を行き流れする川の流れのようなもので、賞罰は一向に正しくないことがわかる。これこそが天の心の動かざる処《ところ》で、どうして神仏がそれを知るであろうか

と、「天の心、神仏は知らず」で神仏に頼ろうとする心を戒めている。だから、「天下の教法、西洋キリシタン、天竺《てんじく》仏法は釈氏の法で今は仏として知られている」「元来、天下には一つの決まった法というものはない。だから、法によって制約することはできない。天は浩々《こうこう》としており、どうして人の法が立つのを待つことがあるだろうか。このように考えれば、煩わしくない」として、宗教が課す法について批判的で、自分の頭で考えるべきと説く。

要するに、

自分が思うには、天下の教法はさまざまにあるが、儒に勝るものはない。君は君であり、臣は臣であり、父は父であり、子は子である。これを除いて何を求めるのか

と、儒教の教えに匹敵するものはないと言って閉じている。蟠桃は儒教的道徳こそが人間社会を律する根本であると信じていたのである。

さらに最後の部分では、二つの狂歌を辞世として書き遺している。

歌に　死したる跡にて　　　　　　芳秀記

地獄なし極楽もなし我もなし

ただ有るものは人と万物

また

神仏化物もなし世の中に奇妙

ふしぎのことは猶なし

前者では、この世にあるのは生きている人間と私たちの身の回りに存在する万物だけだから、人は死ぬと一切無になるだけで地獄や極楽なんかない、との唯物的な考えを披瀝している。後者も同様なのだが、神仏や仙人など神秘を誘うものや妖怪やお化けなども存在せず、世の中に不合理で説明がつかないことや原因や理由が理解できないことは何もない、よく考えれば非常識なことは何もないのだと、神秘主義を排して、合理主義を貫こうとしている。いずれも、無鬼論（神秘や不合理を認めない考え方）の立場をわかりやすく表現している。

そして末尾に、

文政三中穐　　　　播陽　山片芳秀　輯

と記して、「文政三年（一八二〇年）中秋（穐は秋の古字）」に口述を終えたことを明かしている。蟠桃はその翌年の一八二一年に七四歳で亡くなっている。

3―2　大宇宙論の展開

『夢の代』の構成

『夢の代』の天文・宇宙の項目に入る前に、『宰我の償い』における天文の扱いについて述べておきたい。『宰我の償い』を書いた頃から『夢の代』へと書き継いだ時期までの間に、蟠桃は天文・宇宙に関して新しく学び直し、地動説や宇宙論に関する考えを大きく変化させたことを見ておきたいからだ。
『宰我の償い』では、巻首にある竹山の校閲文に続いて「宰我償目次」があり、

歴代第一、政事第二、天文第三、経学第四、異端第五、雑論第六

となっている。これに対し、「夢の代目次」では、

天文第一、地理第二、神代第三、歴代第四、制度第五、経済第六、経論第七、雑書第八、異端第九、無鬼上第十、無鬼下第十一、雑論第十二

になっており、自然科学に関連する天文と地理をまず先頭に並べ、続いて神代・歴代と歴史に踏み込み、その後に制度・経済・経論といった社会科学に触れ、最後に異端・無鬼において宗教や非合理に対する批判を行う、という順序にしている。こうした面からも蟠桃の力点の置き方が大きく変わっていることがわかる。

ここでは天文・宇宙のことに限ろう。蟠桃は『宰我の償い』の草稿完成時の一八〇二年から『夢の代』に本格的に取り組んだ一八一〇年頃の間に、天文学に関する知識と観点が根本的に

転換したようである。朱子学の陰陽五行説の立場にあった蟠桃が、本木良永や志筑忠雄などの写本を読み込み、大いに啓発され、想像力をかき立てられ、自らの宇宙観を再構築したことが窺えるからだ。あまり先走ってはいけないので、まずは、『宰我の償い』には書かれていたが、『夢の代』で削除された部分を示すだけにしておこう（末中哲夫『山片蟠桃の研究「夢之代」篇』）。

その一つは、『宰我の償い』の第四九項で、太陽系惑星について、

最近、地動儀の説が国内に入ってきていると言われるが、未だ広がっていない。天文学の後世の者によって明らかになるだろう。西洋のこの方面に詳しい者が正してくれるに違いない。月及び火・木の星に地球に似た世界があると言う。これもまた知ることができない。願わくば行ってみたいものである

とあった部分を抹消している。続く『宰我の償い』の第五〇項の、

地動儀の法によれば、日輪を中心として変動せず、地球及び五星・九天・恒星は皆回っている。月は地球を中心として回り、地球も天に対して一日一周自転しており、その他のことは推して知るべきである。これを聞いているが、未だ熟していない。後の人々を待つべ

きだ

とある全文も同じく抹消している。

つまり、蟠桃は一八〇二年頃には地動説を聞き及んでいて、惹かれてはいたけれども、すぐにそのまま受け入れることはせず、留保付きで書き留めておくことにしていたのであった。しかし、一八一〇年を過ぎた頃にはすっかり地動説を確信するようになっており、『宰我の償い』にあった地動説についてのあやふやな記述は、『夢の代』においてはあっさり抹消してしまったのである。

『宰我の償い』に触れるのはこれくらいにして、これからいよいよ『夢の代』の本題に入るのだが、その前に「凡例」（前書き、注釈）をまず紹介しておきたい。そこでは、彼がいかに宇宙の新説が気に入り、深入りするようになったかが書かれているからだ。

「凡例」

また順序が逆になるのだが、「凡例」の最後の第一一項から紹介したい。ここには、竹山と履軒に世話になった謝辞が述べられていて、『夢の代』執筆に至る経過がよくわかるからだ。

蟠桃は「竹山先生は私の常の師匠であり、故に私が論じる事柄は皆先生に聞き学んだものであるから、特にいちいち師竹山の名前をあげつらうことをしなかった」と、竹山からの教えはそのまま受け入れたこと、「その後、履軒先生に校正をお願いして、その論を聞いて書中に書き加えたことでもあるので、特に『履軒先生曰』と加えて、これを明示するようにした」と、履軒からの論評は明示することにしたと書いている。実際、本文中には履軒の註《ちゅう》や意見として明示した箇所が多くあるが、竹山によるものはほとんどない。そうなった二人の先生の関わり方の差を明らかにしておく必要を感じたのだろう。多くの人目にさらされる書ではないが、二人の先生への謝辞をきちんと書き分けていてさすがである。

一方、「凡例」の最初の項目では、

> この書を作成する目的は他人に示すためではない。だから、その言葉遣いを飾ることなく、ただ心に浮かぶままに書き連ねた。言葉が粗削りで狭い了見を表している部分があるのはそのためである。また、子弟や子どもや女子までにも読んで欲しいと願っているため、いっそう粗野な表現となることを気にせず、思いつくままに仮名や俗語をも使っている。経書を引用するときは、やむを得ず漢字を用いた。だから、他人がこれを見たとしても、洗練されていないと笑わないように

と念を押している。自分の思いのたけを自由に語ったものだから、その表現が俗悪で粗野であるかもしれないと、卑下して語っている。誰もが読むわけではなく、身近な者が目を通すだけだから、体裁を気にして文章を整えるより、生のままの自分を見て欲しいと望んだのであろう。

続く第二項では、

　天文・地理の部においては、初めは謹んで古法（古学）を述べたのだが、やがて今禁じられている地動の説を主張し、さらに思う存分に仮説を述べたので、本書を見る人を迷い誤らせるかもしれない。これは私の罪と言えるが、これもまた心に浮かぶままに書き連ねたからで、取り立てて疑問に思う必要はない

とあって、地動説のみならず、仮説として宇宙のことまで論じたことをはっきりと披瀝している。心の底では新しい説を誇りたい気持ちがあったのではないだろうか。

続く、第三項の神代・歴代の部についての「凡例」では「この書を人に広めることがないように」、第四項の制度・経済の部についての「凡例」では「自分に罪が及ばないように」、第五項の経書・無鬼の論についての「凡例」では「管見井蛙《かんけんせいあ》（狭い了見から世の物事を見ていることのたとえ）と同じことであるから許されるべきだろう」、「後人の議論を恐れる」、「無鬼の論を言

い立てることを怪訝に思う必要はない」などと、わざわざ付け加えている。それぞれの部で独自で異端の見解を表明していることを十分自覚しており、読む者は辟易《へきえき》することなくそのまま受け取り、自分の胸に収めておいて欲しい、というわけだ。自分の意見は極論と知りつつ、自信をもって書いているとの自負も窺える。

そのことは、第六項でも表れており、

昔からただ一直線に道を論ずるときは、言葉は柔らかく順正でよいのだが、不義・不道がある場合には、表現が厳しくなり角があるもので、孟子であっても、角がない表現にすることはできない。ましてや、自分の文章に角が立つのは仕方がない。それ故、必ずしも太《だ》宰《ざい》風であるとして排斥することがないように

と、間違いを正すことについては躊躇してはならず、言葉がきつい棘《とげ》を含んでいても仕方がないと述べている。「太宰風」とは、太宰春台《しゅんだい》（一六八〇〜一七四七）が儒学を信奉して神道を厳しく排除した態度を指し、自分が信じることについては非難を気にせずに主張すべきだと強調しているのである。

続く第七項が自分として真に誇りたい新説について明確に宣言している箇所で、

太陽明界の説と無鬼の論については、私が新たに考え出した部分もある。その説は、まだ杜撰《ずさん》で出鱈目《でたらめ》なことが多いと言えるだろう

とある。太陽明界説（宇宙論のこと）と無鬼論（宗教否定論のこと）は、蟠桃として自らが案出した真に創造的な新説であるとの自信があったのである。

以下、第八項は無鬼論について、第九項は経書の論について、第一〇項は仏法排撃・聖徳太子批判について、それぞれ少々激烈に書いたかもしれないことを顧みて、誤解のないよう、過大に受け取らないようにと、留意を求めている。ちょっと書き過ぎたと思ったのだろう、そのまま信じ込まないように、と諄《くど》いように述べているのは「老爺心《ろうやしん》」の表れと言えよう。

前置き

蟠桃は『宰我の償い』を書くにあたって、従来からの天文学の師匠である麻田剛立から学んだ暦法や消長法を参照しつつ、他方では『天経或問』や『暦算全書』などといった西洋の天文学の知識を取り入れた中国の天文学書を読んでおり、西洋の天文学を少しは学んではいた。しかし、それらの書物では地動説や宇宙の成り立ちまでの議論は展開されておらず無知のままで

あった。ところが、『宰我の償い』の草稿を仕上げた後の一八〇二年頃から『夢の代』を書き進めた一八一〇年頃までの間に、『太陽窮理了解説』（本木良永）や『暦象新書』（志筑忠雄）など蘭書の翻訳を写本で読んで地動説を知り、星が点々と分布する宇宙に関するイメージを確立することができたと推測される。さらに、『采覧異言』『地球図』『大日本輿地図』『紅毛雑話』『万国新話』『泰西輿地図説』などを通して世界地理や風俗に関する新たな知識を取り入れ、『夢の代』の「地理第二」として世界情勢に関する詳しい叙述の巻を立てている。

以上に列挙した書物は、蟠桃が『夢の代』の「引用書目」にリストアップしているもので、実際に目を通して参考にしたものである。さらに、「引用書目」の最後の方に、『六物新志』『万国管闚』『和蘭医話』などが新たに加えられていることから、世界情勢についても最後まで幅広く読《よ》み漁《あさ》っていたことがわかる。また、「引用書目」にリストアップされていないが本文には引用されている本（あるいは引用されていないが参考にしたと思われる本）もある。その意味で、『夢の代』「天文第一」と「地理第二」は、蟠桃が可能な限り最新の知識を取り入れて科学的な思索・意見を表明した部分だと言える。とはいえ、一八一二年頃には失明したとあり、さてどのようにして学習したのであろうか。

以下では、「天文第一」の記述を追いつつ、蟠桃の主張をたどることにしよう。

年号について

蟠桃は、国の年号の決め方に関して一家言があった。日本では、「孝徳の大化から今に至るまで、同じ天皇であっても年号が次々変わり厄介極まる」と文句を言っている。また中国でも迷信や災厄を恐れて年号を改めてきたので、歴史に詳しい人でも年号と時代を対応させるのは大変だった。ようやく明《みん》の洪武帝《こうぶてい》の時代から「天子一代一年号」としたことを、「古今の一快事であって万世に卓越している」と高く評価している。しかし、それでも天子ごとに年号を覚えねばならないのは厄介である。西洋ではどの国も西暦で数えており、年を計算し、時代を知るのに実に便利であると述べ、極めて合理的であると称賛している。

私もこれには賛成で、本書でも可能な限り西暦年を表示するように努めた。日本では明治維新からようやく天皇一代一年号となったが、それでもこの一五〇年余りの間に、大正・昭和・平成・令和と年号が四回も変わっている。年号で表示されると年代の計算が厄介で、西暦に直そうとすれば各年号の元年がいつか覚えていなければならず、面倒なこと極まりない。現代の日本人はまだ蟠桃の合理性の域には達していないと言うべきだろう。

暦法のこと

次に暦法について取り上げている。当時は太陰太陽暦で、実に複雑な暦が作られていたことは前に述べた。蟠桃は一五八二年にヨーロッパ諸国が採用したグレゴリオ暦のことを知っていた。この暦は、冬至の後一一日目（年によっては一〇日目）を元日とし、一年の日数を三六五日（閏年三六六日）とした上で、正月三一日から始めて二月二八日（閏年は二九日）、三月三一日、四月三〇日……一二月三一日と割り振り、閏年を四〇〇年に九七回（原則として四年に一回だが、調整のため、一〇〇年目・二〇〇年目・三〇〇年目は閏年にはしない）として、一年の端数を調整している。この方法は簡明で万代不易であり、『天経或問』の著者である游子六がこれを「天暦」として後世従うべしと述べたそうだが、清朝の時代には採用されず、中国で採用されたのは清朝が滅亡した一九一二年である（日本の採用は一八七三年）。

蟠桃は「天文第一」の序盤で、グレゴリオ暦を基礎にしつつその不合理さをなくし、さらに二十四節気の配置が規則的になる日本独特の暦を作ってみせた。立春を元日とし、奇数月は三一日（一月のみ三〇日で閏年は三一日）、偶数月は三〇日と定める。二十四節気は自然観察を基にした季節判断として科学的であり、元来太陽の動きに準拠して定められたものであるから、毎月一日を「節（気）」とし、月の半ばの一六日または一七日が「中（気）」となるよう配置する。だから、この暦では何十年何百年経っても節気の日付は変わらない。また、月の日数が規則的で小の月を「西向く士」（二月、四月、六月、九月、十一月。十一を約《つづ》めて士）と覚える必要がないという良さもある。

現在の私たちが使っているグレゴリオ暦は節気と月の最初の日とが一致しておらず、例えば立春が二月四日（または五日）となっている。蟠桃の暦を採用すれば、毎月の一日は一二の節気にきちんと対応するのである。

星を観察して

蟠桃は、麻田剛立から天文学を教授されていたためか、「『ナクトケーケル』（天文観測器の一種）で天を望見し、『ソングラス』（サングラス）で太陽を詳しく観《み》る」とあるように、天文観測を楽しんでいた。「月は地球を中心として回っており、さまざまな模様が見えるのは山谷河海で、そこに世界があるという」とあって望遠鏡で月の表面の観察をしており、「そこに世界がある」と言っているように、月には人間が住んでいるという確信を持っていたらしい。そして、「太陽は天地の主人公であり、万物はこれによって成り立っている」「昔から、太陽と月が相対しているように言うが、これは見た目のことであって、太陽が主であって対抗できるものはない」と、太陽が惑星の活動の根源であると正しく指摘している。以上のような観察と考察が、生命に溢れる宇宙を構想する原型となったことは確かだろう。

これに対し、恒星の姿は望遠鏡を使っても変わらないことから、非常に遠くにあると思い知ったようで、「天漢（天の川）及び昴宿《ぼうしゆく》（すばる、プレアデス星団）と鬼宿《きしゆく》（たまおのほし、かに座の中心部）には星が鮮やかにいくつも観える」と、星が集団となっていることに気づいている。また、「恒星天は一年で一周するが、よく調べれば少しずつずれていき二万五四〇〇年で自転軸が一周する。この歳差運動のために北極星は変化していき、今の北極星がある方向からも外れていく。また恒星と言っても星は自己運動していて同じ天球上にあるわけではない」と、星空の運動に詳しい。特に、地球の自転軸の指す方向が変わる歳差運動によって、北極星がずれていくことを知っていたのは驚く他はない。

西洋から知識を得ること

蟠桃は商売人らしい合理主義的視点から、西洋で天文・地理が発達した理由を挙げている。その理由の一つは、

器具を作り、方法を工夫し、官に申し出ればすぐに給料が与えられ、費用も面倒をみてくれるので問題はない。病気になると子どもまたは弟子に譲ることを申し出れば、その後継ぎとなって前と同じようにできる。だから、三代・五代を経れば成し遂げられないものはない

歳差運動

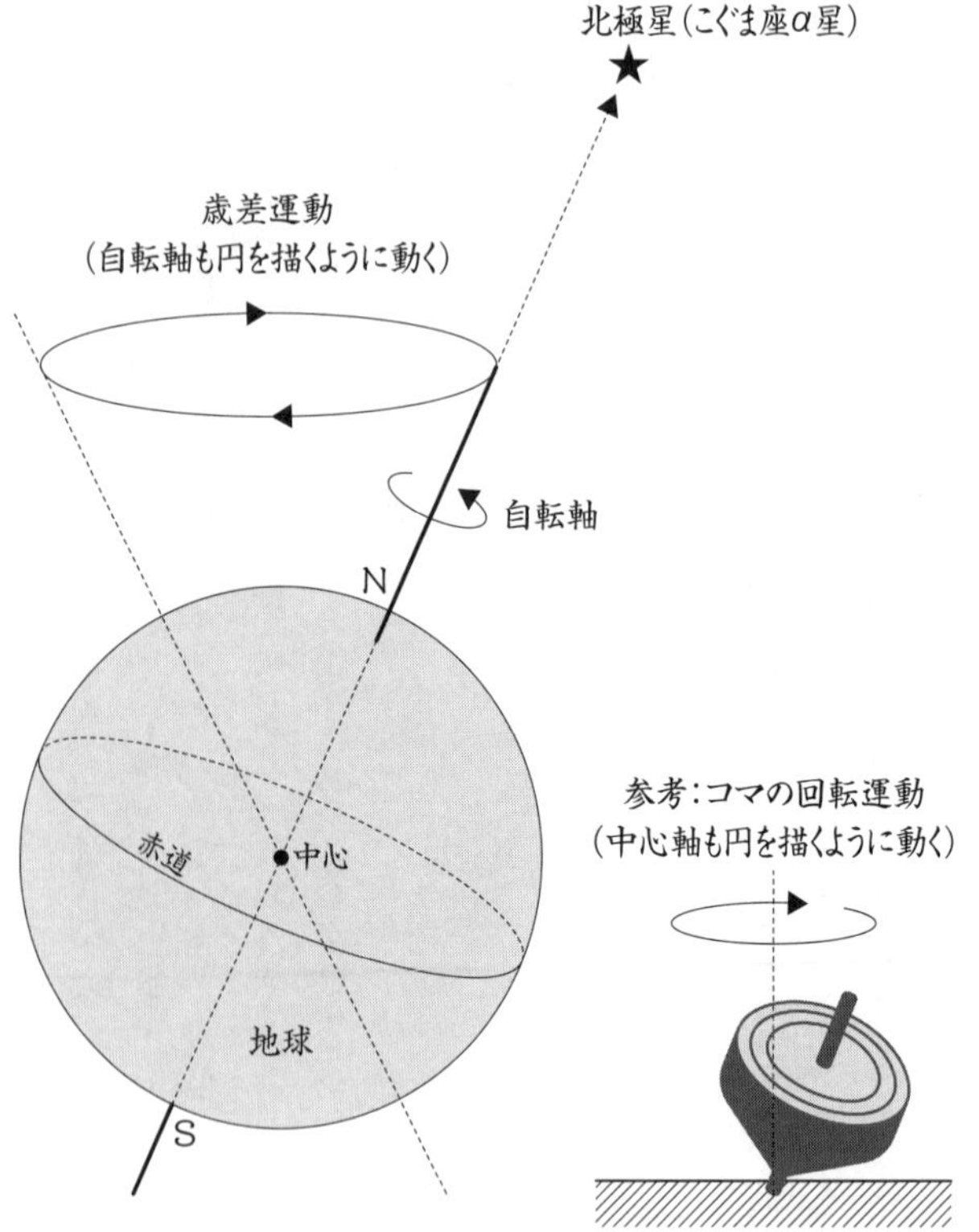

現在、地球の自転軸は北極星（こぐま座α星）の方を向いているが、
実は自転軸はゆっくりと円を描くように動いており、約25,800年で一周する
（蟠桃が記した「25,400年」という数字は、今日の水準から見るとわずかに誤っている）。
この「自転軸の周期的な首振り運動」を**歳差運動**と呼ぶ。
回転するコマの軸が円を描くのと同様の運動である。

と、学者の待遇がよく、その継承も考えられているからだという。むろん、その背景には経済的な理由があって、

紅毛（西洋）の国では国王は元々商売の大将だから、万国に出かけて天文・地理を究めようとするが、その発端は通商のためである。万国を行き来するための船を与え、費用も給するから、行かないところはなく、工夫を極めるのである。航海しようとすれば天文を知らないわけにはいかず、その過程で弱い国があれば切り取ろうと企むのである。衆人の命を惜しまずに万国を往来するのは、個人の利害を考える必要がないからなのだ

と、国家・国王が商売のために海を越えて出かけるのを先導するし、航海に天文観測は不可欠であったと正当に解釈している。そして、貿易の主体が国王認可の（東インド）会社であったことや、「弱い国があれば切り取ろうと企む」と言っているように、西洋列強の植民地主義もよく知っていた。この点については、（補論―2）で取り上げる。

「地動儀明暗界並三際図」

蟠桃が描く太陽系の姿は、

天というものは元々暗いものだが、そこに太陽のような恒星があって、その光明によって照らされる領域を明界と呼ぶ。これが一つの天地の世界である。そして、明界の中に大惑星が六個、つまり木・火・土・金・水星及び地球があって太陽の周りを回り、月は地球の付属物で、木星に四個、土星に五個、計一〇個の小惑星（衛星）がある

というものだ。地動説に基づく太陽系世界を極めて明確に捉えており、これが彼の宇宙論の基礎となっている。そして、

全部で一六の星（六個の惑星と一〇個の衛星）がこの明界中にあって、すべてに人及び禽《きん》獣《じゅう》・草木がある。だから、すべてが地球のようなものである。それらは自ら光を発せず、皆太陽の光を受けており、日に向かう半球は昼で、反対側の半球は夜である

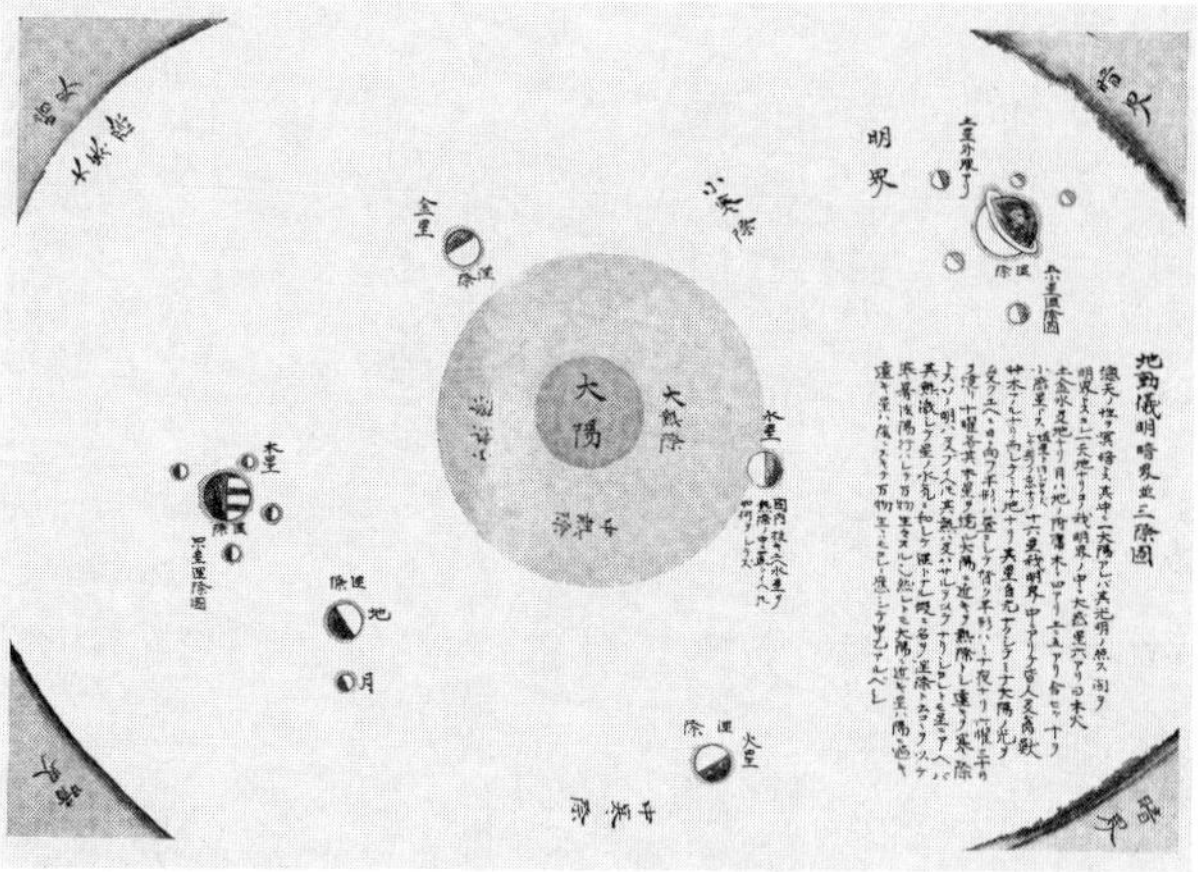

「地動儀明暗界並三際図」。地動説に基づいて太陽系全体の姿を描き、解説を加えている（岩波書店『日本思想大系 43』より）。

と、まず太陽の光に照らし出される惑星と衛星は地球に似ているのではないかと想像する。さらに、

> 太陽に近い部分が熱際、遠い部分が寒際である。寒際にも光は届いていて明るいが、熱は届かない。また、大惑星に熱が届けば水気に反応して湿気になる。これを湿際と呼ぶ。この部分で寒暑陰陽が行われて万物が生じるのである。とはいえ、太陽に近い星は温度が高くなり過ぎるし、遠くにある星は温度が低過ぎるから、万物の生成もこれらの条件に応じてさまざまとなろう

と、太陽からの距離に応じて熱際・寒際・湿際というふうに惑星表面の温度や湿度が異なることを考えた上で、生命が誕生する条件に思いを馳せている。こうして、太陽系を手本として、惑星に生命が宿ることはごく普通の事柄であると論じており、これも後の大宇宙論の論拠となった。

西洋の天文の説とは

ここで蟠桃は、以上のような描像を得るに至った西洋の天文・地理の学説のことについて振り返っている。ほとんどが蘭学を通じての輸入学問であるのだが、

西洋の国々においては、実際に経験しなければ、図として描かず、言いもしない。天文では海外諸国に出かけて観測し、確かめてから言っているから西洋の説を信じることができ、その学説の詳しいことを究め尽くしたいと思うのである

と、西洋では実際の経験に基づいて学説が出されているから信用できると述べている。これは学問のあるべき姿についての彼の確信であろう。そして、「ヨーロッパが天文学に詳しいことは、古今万国を見ても類がない。殊に、万国を巡って、すべて実際に見ることで発見を確かめ

ているのだから、これに敵《かな》うことがあろうか」と、西洋の学問が客観的かつ実証的であることを強調している。

その上で、地動説の立場を再確認して、

太陽は天地の主人であって、地球は主人ではない。太陽は動かず、他の星が動くのも、そういう意味である。今、ヨーロッパ人は大船に乗って地球を巡り、知らないことについて理解を深めている。これは万国の及ぶところではないから、天地のことはヨーロッパに任せて、酒の粕《かす》(よいところを取り去った後)をしゃぶる他はない。西洋の理論を疑うことなく、篤く信じて従うべきである。我が国が置かれた井の中の蛙《かわず》のような愚かな状態から脱するよう、西洋の地動の説を示してこれを証明し、愚かな人の眼を覚まそうと思う

と言う。地動説に覚醒したとの思いや目からウロコが落ちた新鮮な気持ちから、新しい世界観を広く伝えて日本の遅れた状態に刺激を与えたい、というような感激した思いを表明している。

彗星《すいせい》とは

突然天空に現れる彗星については、蟠桃はその動きや姿をいろいろ観察した上で、西洋の説

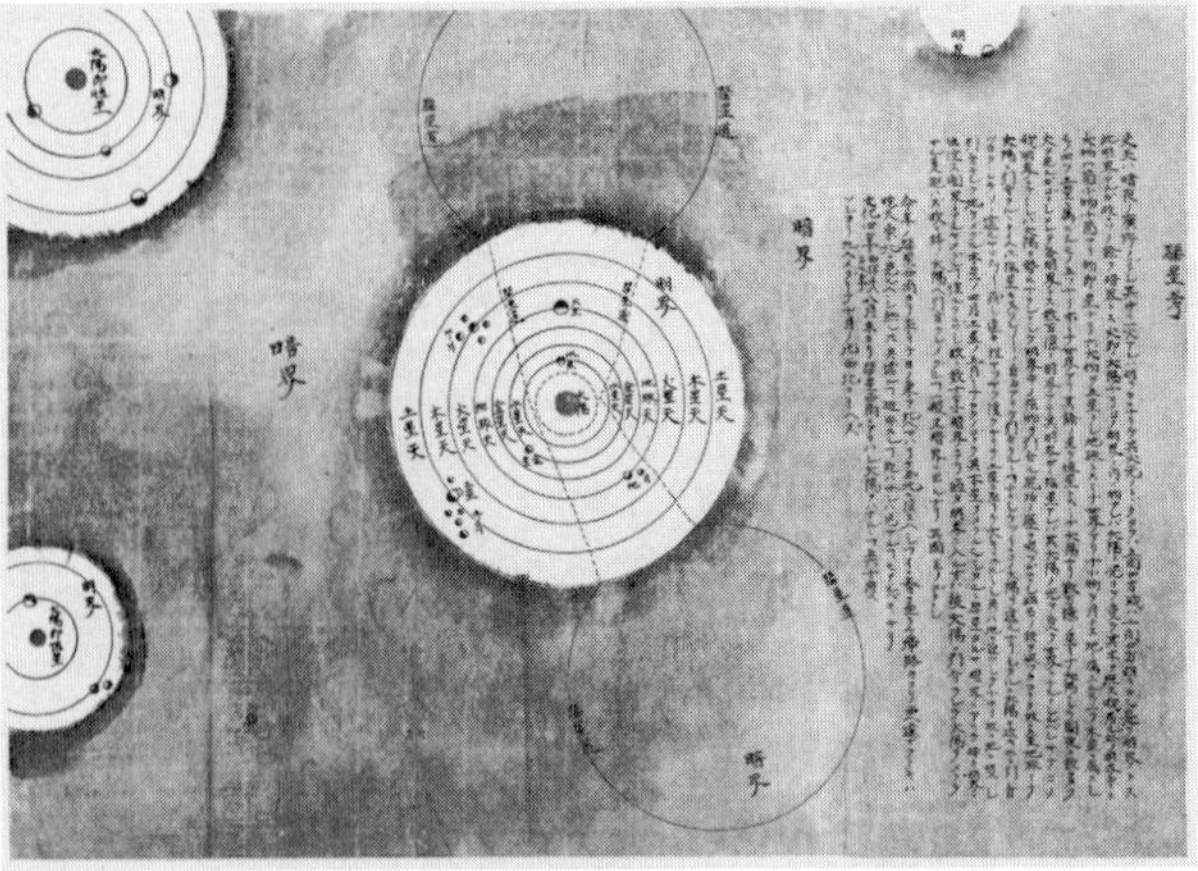

「彗星考」と題された図。明界・暗界の区別や彗星が見えるメカニズムを、図を用いて解説している（岩波書店『日本思想大系 43』より）。

も交えて次のように解説している。

> 西洋においては、地動説が提案されて以降、彗星の運動を詳しく調べるようになった。土星天の外に出ると日光が届かずに暗界となり、土星天の内側は明界である。彗星は五星と運動が異なり、その進む方向が斜めになって明暗の天を出入りする。だから明界に入れば姿が見え、暗界に入れば見えなくなる。この星、日光を受けて輝くときは、日を背にする方に長く尾を引く。星の部分を頭とすれば、尾を引いて輝く部分は柄となる。そのためにほうき星という名がついている

と、太陽が作り出す明界・暗界論を踏まえて

明界・暗界と彗星

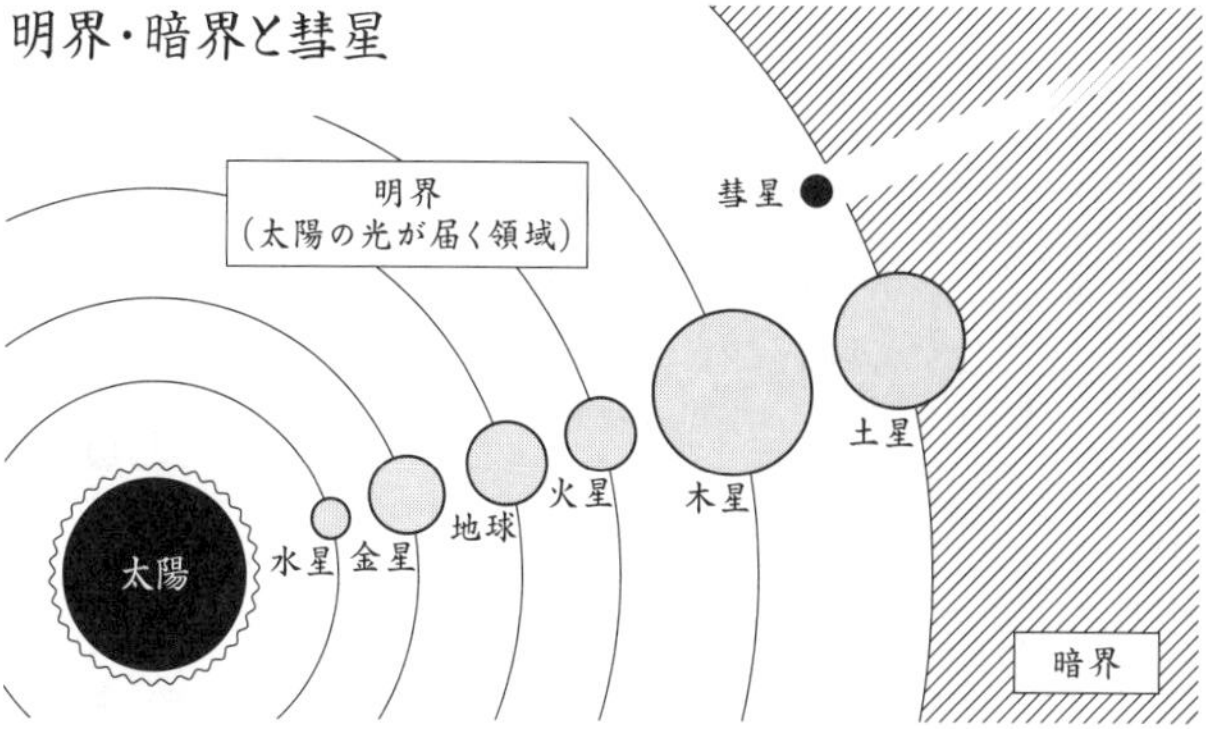

土星天の内側が、太陽の光が届く領域(=**明界**)。
その外側が、太陽の光が届かない領域(=**暗界**)。
彗星は明界と暗界を出入りする。また、太陽光の当たらない背の方向に尾を引く。

彗星に関する極めて妥当な観察結果をまとめている。

彼の科学的に物事を考える癖は、

目撃された彗星についてウイストンが、一三三七年から一七八九年の間の二五個をリストアップしている。これに対し、日本に記録のあるものは一二個で、彼我の記録が一致しないのは、ヨーロッパの北緯が五〇余度であるのに対し、日本が三〇〜四〇度であることの差なのか、見る場所が異なっていたためなのかわからない。最近のものは、自分たちが目の当たりにしたものであるから見間違うことはない

との記述に見事に表れている。まず歴代の記録

をきちんと調べ（データの整理。実際にイギリスの学者ウイストンのデータと日本のデータの一覧を示している）、同じ北半球にある日本とヨーロッパの間で彗星の数の記録に差があることを見つけ（データの齟齬《そご》の発見。日本のデータも西暦年で記述して〈一年ずつずれているが〉比較している）、その齟齬についての疑問と理由を考えてみる（データの考察）、という彼が採った科学的な方法がよくわかるのだ。事実、彗星はどのような運動をしているのかについて、蟠桃はしっかりした見方をしていて、

そもそも天は暗夜の広野のようなものである。そこに一つ火（太陽）があれば周囲を照らして、その火の光が届く範囲で五間四方あるいは十間四方が明るくなる。これを明界と言い、それより遠くが暗界である。彗星というものは、暗界にあって時々明界に出没するものと考えられる。暗界にある間は太陽を巡る軌道は遠くにあって、運動はゆっくりしている。そして、数十年もの間暗界にあった後、たまたま明界に入ってくると、太陽に引き付けられて太陽の周りを速く回らざるを得ないのである。このとき、斜めに太陽へ引き付けられて一巡りし、また暗界に出ていく

と、彗星の運動について正確に把握している。明界・暗界論は蟠桃が特に気に入っている理論

であるせいか、何度も言及しており得意満面の風情である。
実際に、蟠桃が彗星を目撃して、その動きを詳しく記録していたと思われるのは、

一八一一年の彗星は、西南から来て太陽の東を北へ回って西北方向で消えていった。春になっての帰り路は、太陽より西へ遠ざかるとき、夜明けに東北の方向に見えた。その回り方を追跡することができず、見えなくなった。一八〇七年八月末のときの彗星は西南より現れ、太陽を離れること五〇～六〇度となり、それから北に回って一〇月の頃に西北の方向で見えなくなった

との記述で、いずれも高齢のために目が不自由になり始めてからの目撃記録であるようで、その好奇心の強さと記録の正確さには驚かされる。

ケプラーの第三法則

この辺りから、「ヨーロッパのイギリス国の人であるケール氏が『暦象新書』を著した」とあるように、志筑忠雄訳の写本で学んだ知識が披露される。特に注目したのは、

ケプラーの第三法則

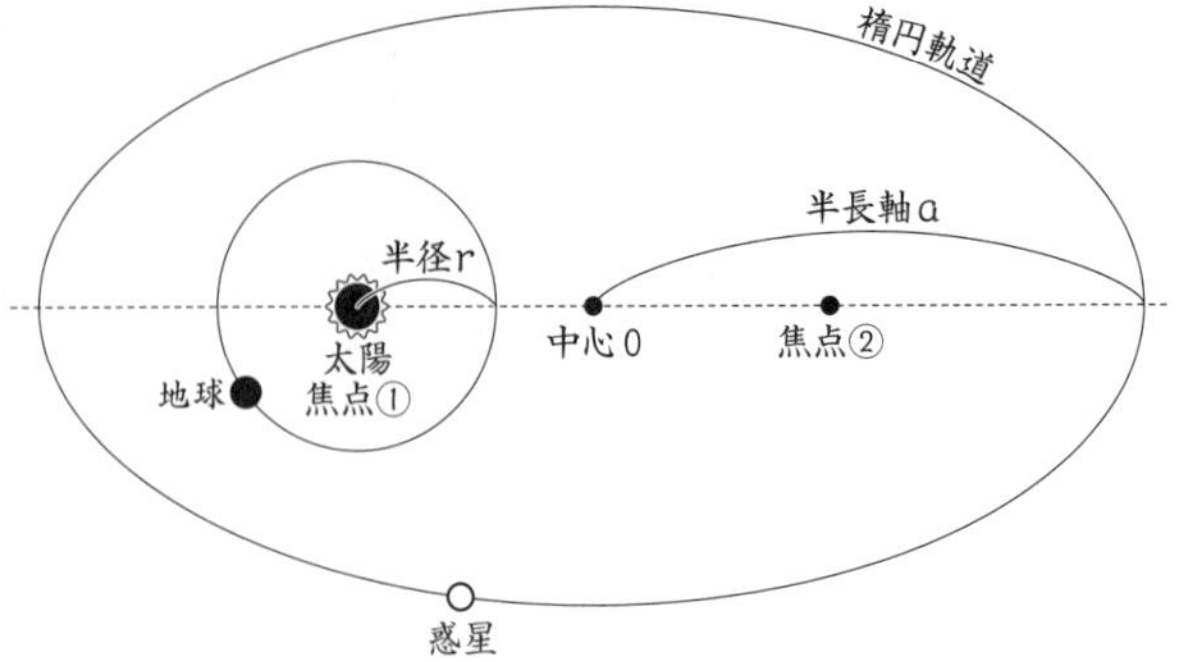

図で、地球が太陽の周りを一周するのに要する時間をT、
惑星が太陽の周りを一周するのに要する時間をT′、
地球の公転の半径をr、惑星の半長軸をaとすると、以下の式が成り立つ。

$$\frac{T^2}{r^3}=\frac{T'^2}{a^3}=k\ (\text{常に一定})$$

※楕円における半長軸とは、長軸方向の半径のこと。中心Oは、二つの焦点の中点である。

太陽を不動とし、地球は毎年太陽を中心として本天を回る。五星と地球が本天を一周する時間の二乗と、太陽からの距離の三乗が比例する。これもまた一つの法則で、真理が見出されたことになる

というケプラーの第三法則である。志筑がその重要性を強調していたが、蟠桃もそのことを確認している。このような一般的に成立する「真理」が発見されたことは宇宙の運動の斉一性・普遍性を示していると考えたた

めだろう。そして、「地球の外にも数多くの世界がある」と付け加えていて、この法則に従う天体が多くあることに思いを馳せている。彼の大宇宙論につながる発想である。

そしてここで、西洋の天文学の歴史を振り返るなかで、「蘭暦一二三〇年になって、（プトレマイオスの書を）アフリカよりイタリアに伝えて翻訳し、世に知られるようになった」と書いている。蟠桃は出典を記していないのだが、この故事は司馬江漢が『和蘭通舶』に書いていたものを参考にしたようである。この江漢の著作は「引用書目」に入っていないが、蟠桃が広く文献を漁っていたことがわかる。蟠桃は気になると調べずにはいられない勉強家でもあったのだろう。

地動説について

以下、しばらく『暦象新書』からの引用が続くので詳細は省くが、志筑が採った陰陽説からの強引な解釈をそのまま踏襲している部分もある。例えば、

西洋の説によれば、恒星は皆太陽と同じで不動で、五星と地球とはすべて太陽の周りを回り、かつ自転している。これを受け入れると、天は陽、地は陰、動は陽に属し、静は陰に

属するはずなのだが、地球が動き、太陽が不動となって、陰陽・乾坤（天地）の性質と反する

とあるが、その結果として、「地動説・天動説のいずれが正しく、いずれが間違っているとは言えない」と志筑の言を蟠桃はそのまま引用しており、志筑の相対的な立場をそのまま引きずっている。

しかし、それでは議論にはならないと思ったのだろう、以下のように地動説を擁護する蟠桃流の論を立てている。

地動説のことを言っておきたい。自分のいる地球が動くのだから、家屋が崩れ、棚の上にあるものは落ちてくるはずと思うだろうが、そうではない。八曜（太陽・月・地球と五星）の中で、太陽が最大で、木星が次、土星・地球・金星・火星・水星・月と、徐々に小さくなっていることは知っているだろう。そうすると、地球より大きい太陽・木星・土星などが動くことを不思議に思わないで、これらより小さい地球が動くのを疑うのは、どういう考えなのだろうか。この考えで七曜の運動を推量すると、地球が動くこともまた不思議ではない（蟠桃は原文では惑星の大きさの順を間違って記述しているが、ここでは正している）

というわけで、蟠桃は地動説の立場に踏み留まっている。蟠桃は、志筑ほど陰陽五行説にこだわっていたわけではなく、また太陽系のみに留まらない目を持っていたため、地動説を捨てる気にならなかったのである。形式論理に従ってしまう志筑に対し、蟠桃の方が合理的な論理性を身に付けていたと言えるのではないだろうか。

重力の働き

この節は『暦象新書中編』の「重力」からの引用だが、志筑の表現をそのまま使わず、蟠桃流の言葉を使って表現しようと苦労していることが微笑ましい。まず、「西洋人が地動説を主張する基礎には重力がある。重力はその起源はわからない自然の働きで、皆に現象が見えるように作用する」と、物質の運動の背景には重力が働いていることを示唆する。重力の起源は不明（「不測」）であることを否定せず、その働き（作用）は現象を通して見えていることを強調していることが新鮮である。そして、

大地の形が真ん丸の玉となるのは重力の働きで、重力の強さがいろんな方向から働いて集まって同じように競い合って皆地球の中心に向かって集まっているために、真ん丸になる

のである

と、重力が働く天体が球状（真ん丸）になる「科学的」な説明を舌足らずながらも試みていることが目新しい。正確には、重力の強さは距離のみに依存していて、方向によらない（どの方向も対等である）ために天体は球状になるのだが、それを「重力の強さがいろんな方向から働いて集まって、同じように競い合って皆地球の中心に向かって集まっているため」と、苦労した表現をしているのが面白い。

蟠桃の説明は、「物体の昇降浮沈で人力によらないものは、皆重力の働きである」「大地は万物を引き付けるだけでなく、万物もまた大地を引き付ける。実際には、万物の質量と地面の質量が互いに引き合うのである」と、志筑の解説をそのまま引用した上で、

西洋の説は奇妙であるが、天地の論理はここに尽くされている。西洋人は工夫に工夫を重ねており、和漢も追い追い議論を広げていくだろうから、昔の議論の間違いを知ることを学ぶべきである

と、西洋の説に学んで、旧来の中国や日本で伝承してきた議論の間違いを正すことの必要性を

説いている。彼は、メンツより真実を重んじる人間なのだ。

一方で、

最近になって、まだ明らかでない想像だけの議論が出され、それは後世になって間違いだとわかることになるのだが、そんな無駄なことを論じても何の利益もない。古今の是非や得失をよく考えずに、ただ書を信じる人は優れた人物とは言えない

と、ただ書のみを信じ、旧来の議論を正すとして勝手な想像だけで論じるような愚を重ねるべきではない、とも言っている。この蟠桃の言は、憶測に憶測を重ねた意味のない論文ばかりを書いて「業績」としている現代の科学の進め方への警告として受け取っておくのがいいのかもしれない。

世界の認識と「不測」

この部分は、『暦象新書中編』の「不測」の部分の受け売りで、やはり森羅万象の起源の問題が不測の要であり、さらに人間そのものも不測の存在であるとの記述が印象に残ったのであろう、志筑の論を繰り返している。例えば、「不測」の第一は天地に作用している万有引力で、

「万有引力は、根拠・起源が明らかではないまま発案されたのだが、さまざまに論じていくことができるのだから、完全に計り知れないということではない」と、その根拠・起源は「不測」なのだが、どのように働いているかは不測ではないのだから、完全に不測とは言えない、と煙《けむ》に巻く。そして、天文・宇宙のみならず、人間というものの存在、そしてその精神の作用や知的活動までを「不測」だと捉える志筑の文章をそのまま引用している。

世界観の変遷

西洋のさまざまな知識を得ることで、我々はかつて狭い世界しか知らなかったことがわかるとして、蟠桃は「井蛙管天（井戸の蛙、管から天を窺う）」という言葉をよく使う。例えば、

かつて私たちは、我が国があることを知っていたが、他国が存在することを知らなかった。そして、自分たちのためだけに太陽と月があると考えていた。日食・月食を異常な出来事とし、客星（新星や彗星）によって吉・凶を占った。長い間、地球は動かず、太陽・月・五星が地球の周りを運行し、九つの天が存在するという論を信用していた

と過去の我々の知的世界は、まさに井の中の蛙で、無知であったことをしみじみと語った上で、今では、「太陽が不動で地球が動く説が、二〇〇〇年前の西洋で出され、二〇〇〜三〇〇年前に確立したのだが、我が国にもたらされてから二〇年にもならない」「だんだんに宇宙は渾天の形（ドームのような球状）であって非常に広大であり、地球が小さいことを知るようになった」と、宇宙を見る目が根本的に変わってきたことを述べる。蟠桃は、西洋の天文学をより深く知るにつれ、天の仕組みが簡明で筋が通っていることを深く認識し、宇宙世界の広大さとともに斉一さにうたれたのである。「真実を知って無知を改めることが心を雄大にする」と言うべきだろうか。

知識の整理

蟠桃はこれから自ら大宇宙論についての持論を展開するにあたって、まずこれまでに得られた天の世界についての知識の整理を行って、「近世地動儀明暗界新説発明之図」と題する「最近の地動説に基づいた、宇宙の明界と暗界に関する新説の発明図」を示している。身近な太陽から大明界に至る宇宙の構造を大まかにスケッチした見取り図で、図中に以下のような短い説明を付している。

太陽　永世不動で、諸天・諸曜は太陽を中心として回る。

明界　（太陽に照らされた明るい領域が明界で、惑星や衛星の存在が確認できる領域である）ここにある、五星・地球・一〇個の月、合わせて一六曜はすべて陰星（暗い星）で自分から光を発せず、太陽の光明を受けて光っている。西洋では五星と地球を大惑星と呼ぶから六星となる。月及び木星・土星の小星を小惑星と言い、全部で一〇星ある。

暗界　（太陽の光が弱くなって暗闇が拡がる世界で、自ら光を発しない惑星や衛星は見えない）

（明界と暗界を区切る線）彗星は明暗の二つの界に出没する。明界に入れば見え、暗界に入れば見えない。

大明界　（全宇宙空間の中で恒星が輝いている部分で）恒星はすべて太陽で、銀漢（天の川、星の集団）がある。

明界と暗界の区別

ここで、蟠桃が描いた明界・暗界及び恒星の図を見たある客が、蟠桃に対して次のような疑問を提起した、と正直に書いている。自分の説に対する疑問は広く受け入れようとの態度である。この客は、まず、恒星が太陽のようなものであることは、さもあらんとは思うが、その論によれば、明界の外は暗界である。暗界の外は恒星天なのだから、天すべてが明界となるのではないか？

と尋ねた。太陽のような恒星が多数群がっていると、星からの光が届く明界が重なり合って暗界はなくなり、宇宙すべてが明界になってしまうのではないかとの疑問である。恒星が作る明界の大きさと恒星間の間隔との比較をしなければならないが、通常は星の間隔がずっと大きいので明界と暗界はくっきり分かれると蟠桃は考えていた。そこで蟠桃は、

> 地球から宇宙を眺めるとき、恒星は地球から遥か遠くにあり、恒星と恒星の間は近く狭いように見えるけれど、その間隔は桁違いに大きい（一つの星が作る明界と隣の星が作る明界との間が暗界で、その空間が非常に大きいことは、地球からポツンポツンと分布する恒星を見ていることでわかるだろう）

と述べて、星が散らばる宇宙は広大で、はっきり明界と暗界が定義できるとしている。

ここで蟠桃は、視点を変えて遠くの恒星から太陽系を見た場合を想像してみるよう提案する

（まさに志筑が言うところの「心遊の術」である）。つまり、

ある恒星の明界から我が太陽を見れば、太陽はやはり恒星として見え、恒星の大小によって明界の広い狭いはある。明界と明界との間にも遠い近いがある。天の川の暗い星と言っても、その距離は地球と月の距離より遥かに大きい。恒星が小さいと明界も小さくなると、明界と暗界の大きさの関係はさまざまであると明快に説明する。蟠桃は極論に走らず、いろんなケースを幅広く考えるべきことをよく心得ていると言えよう。

そしてここで、わかりやすい例をあげて、こんなふうだよ、と提示する。

宇宙には太陽のような星が幾百万もある。我らが見る太陽だけが、他の太陽と離れているのではない。皆同じように、宇宙の中に配列されている。例えば、柚子《ゆず》の実を割って見るようなもので、全体を宇宙とし、肉の部分が暗界、種が明界、そして明界の中に諸曜がある、と譬《たと》えることができる。種の中心に太陽があり、種と種の間は遠い近いがある。我々が居る明界もその種の一つである

と解説している。だんだんイメージがはっきりしてきた。

さらに、附録として「太極恒星各明界之図」を示しており、それが彼の宇宙論を集大成した図である。ここに、

暗界の星は光なし。世界なし。微小の明かりは皆明界である。

明界の中の星には皆世界がある

と注釈をつけた上で、以下のような解説を加えている。


この図は暗夜の姿で、太陽は提灯《ちょうちん》のようなものである。その光は火気の大小によって、近くあるいは遠くまで及び、その光の及ぶ領域が明界である。その明界の中に地球のような星があれば、火気に向かう半分は照らされ、反対側の半分は照らされない。このような星がいくつあっても皆同様である。

我々の場合は、これを地球とし、他は名付けて惑星と言う。この惑星に小星があれば、惑星の引力に引かれてその星の周りを回って離れることがない。これが月（衛星）である。月も惑星も皆地面があり、世界があって、山海・江河・草木・人畜・魚虫があることは、

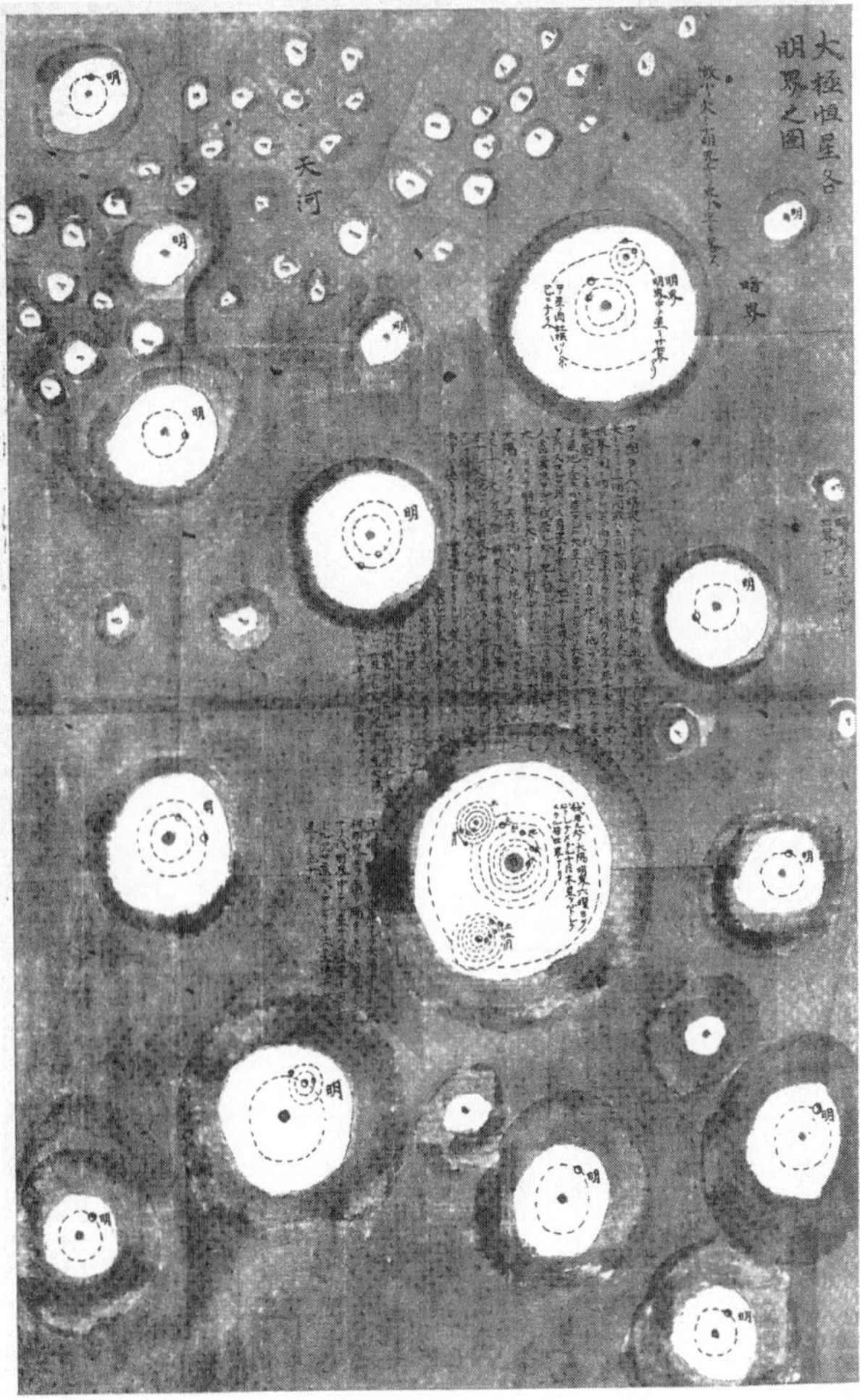

「太極恒星各明界之図」。太陽系以外の多数の恒星・明界から宇宙が成るとする、蟠桃の宇宙像が描かれている（岩波書店『日本思想大系 43』より）。

我々が住む地球と異なることがない。

ゆえに、この図のように、火気の大小によって明界に大小があり、明界中の惑星は皆その中心にある太陽（恒星）の周りを巡っている。中心にある太陽は巡らない。惑星の巡る軌道は点線で示している

と、明界にある惑星や衛星の運動について自分の考えを詳しく解説している。図と照らし合わせて見れば、恒星ごとにさまざまなサイズの明界があり、そこにはまたさまざまな数の惑星が回っている様子が、鳥瞰図《ちょうかんず》のように描かれている。従って、客観的に宇宙のありようが把握でき、自分たちだけが特別ではないとわかる優れた宇宙図と言うべきである。

さらに、念のためのつもりなのか、蟠桃は「暗界中の陰星は光っていない。人畜・草木もない。巡ることもない」として、暗界中に陰星（自ら輝かない惑星や衛星）はあっても死の世界で誰も気づかないと述べている。これに対し「明界中の陰星はすべて地面があり、人民がいる。このことは暗夜に多くの灯火があるのを見てわかるだろう」と、明界中の陰星は生命が溢れて人間が存在しているという。明界と暗界にある陰星が大いに異なっていることを強調するのだ。

また諄いようだが遠くの恒星について、

恒星というものは、遠くの大きな火気のようなものである。遠くからこれを見れば、ただ火が大きく見えるだけである。近くにあれば遠近はわかるが、遠くになるとその火気の遠近はわからない。その火気に照らされて、それぞれの明界はあるのだが、遠くになると火気が見えるだけで、明界そのものを見ることができない

と、恒星は遠くにあるから明界を見ることができず、ただその輝きが見えるだけと述べる。つまり蟠桃は、我々は太陽系しか知らず、また実際に他の惑星系を観測することはできないだろうけれど、惑星系は普遍的であると強調しているのである。彼の想像力の逞《たくま》しさが実感できるではないか。

人間が存在する宇宙

そして、蟠桃はいよいよ彼が提唱する宇宙論のまとめに入る。これまで述べてきたことの繰り返しになるので、惑星における人間の存在に注目して整理しようというわけだ。

この理論によれば、地球から他の天体を望遠することはもとより、月の世界及び火星・木

星・土星及び九つの月の世界の人民が諸天体を望遠しても同じ光景に見えるだろう。ただし、金星と水星は太陽に近く熱過ぎるため人間はいない

として、月・地球・土星・木星から見た太陽系の姿を描いていて、なかなか興味深い。例えば、月から地球を視れば太陽の五～六倍に見え、地球のみちかけは月と同じだが、地食（地球から見た「月食」に当たる現象）には皆既食がないと細かく丁寧に述べている。

最後に、蟠桃の宇宙論の根幹をなす文章として、

恒星は皆明界を持ち、その各々は我々が今住んでいるのと同じような姿の明界であることは疑いない。地球に人民・草木があることから推定すると、他の天体であっても、多かれ少なかれ地球に似ていると考えられ、どこにも土があり湿気があるだろう。とすれば、太陽の光を受けて互いに反応し、反応すると水と火が互いに協力して万物を生ぜしめ、草木が生まれるだろう。すると当然虫が生まれ、虫がいれば魚貝・禽獣が誕生することになろう。こう考えると人民も必然的に生まれる。だから、諸惑星の皆に人民が存在するということになる。可能性を拡充し推理して考えを極めるとこうなるのである

と断言する。恒星には必ず惑星が付属し、どの惑星にも人間が居住する、そんな人間や生命が満ち溢れた宇宙像を堂々と提出しているのである。

生命が多数生まれる宇宙は、江漢がその逞しい想像力によって空想し、志筑が科学的な考察から示唆したが、まだ漠然としていた。ここで蟠桃が提示した宇宙像では、各恒星の周りに惑星が必ず生まれ、そこには人間が誕生していて、宇宙のあちこちに人間が存在することを当然のように述べているのだ。彼の論を現代の言葉に訳して言えば、惑星上において、土・湿気（水）・日光が揃えば水と火（熱）で（原子や分子が）反応して万物（塩基やＤＮＡ）が生じ、それが草木・虫・魚貝・禽獣と、次々と複雑な生物へと進化してきたのである。こう考えれば人民（人間）は必然的に生まれ、宇宙には人間がありふれて存在している、ということになる。

現在の私たちの常識から言えば、生命が満ち溢れた宇宙像は当たり前で、蟠桃の宇宙論には何ら新味がないように見える。しかし、二〇〇年も昔に、生命誕生の条件（土・水・日光）を想定し、原始的な生命体から複雑な生物へと進化した道筋を考え、ついには人間の誕生へと至ることまで想像し得たことは、彼の思考が時代に先駆けて科学的であったことを意味する（ダーウィンの進化論は一八五〇年頃である）。であるが故に、宇宙人の存在をあっけらかんと予言できるのである。

そして最後に、

妄想のようだが妄想ではなく、虚偽のようだが虚偽ではない。仏家や神道のような荒唐無稽の論ではない

と付け加えている。「妄想でも虚偽でもなく、論理的に当然の帰結ではないか」と言いたいのだ。人間を騙《だま》す宗教ではなく、真実を追究した結果の結論であると、あくまで自分の論が正しいと主張して幕としている。彼はこのような合理的な宇宙論こそが人間を救う真の宗教であると言いたかったのかもしれない。

終章　「歴史の妙」

本書では、志筑忠雄と山片蟠桃が打ち込んだ天文・宇宙に関わる話を軸にして、それぞれの個人としての生き様に触れながら、海外の列強が日本を注視し始めた時期における彼らの仕事を整理してみた。むろん、歴史家でもない私だから、単に手元にある文献を適宜切り貼りして並べ直しただけのことで、新しい発見をしたわけではない。しかし、司馬江漢を含めて、「歴史の妙」というようなものを見つけたとの思いがあって、勉強をして得した気分である。それを読者にも分け伝えられたら、という思いで本に仕上げることに熱中し、ここにようやく江漢に続いて二冊目として結実できたことを嬉しく思っている。

「歴史の妙」と表現した中身について考えてみると、まず第一に、歴史学上ではまったく別々に扱われる人たちが、地動説・無限宇宙論をキーワードに結びついたことである。本書では志筑の訳本を写本で読んだ蟠桃が、ニュートン力学を学んで大宇宙論にまで発展させた概要を書いたが、その前段階では本木良永の地動説の紹介があり、それに啓発された江漢の窮理学への接近があった。一七八〇年代から一八二〇年代という短い時代に、日本はコペルニクスの地動説・ケプラーの法則・ニュートン力学を一気に学び、天才絵師・長崎通詞・金貸し豪商の番頭という思いがけない人物たちが共通して宇宙論の談義にまで発展させたのである。これこそ歴史における意図せざる邂逅、つまり「歴史の妙」と言えるのではないだろうか。そのような歴史の秘められた顔を垣間見《かいまみ》て、何とかつなぎ合わせてひと続きの科学エピソードとしてまとめたいと念願してきたのであった。

もう一つの「歴史の妙」の発見は、蘭学の受け入れ過程の変遷である。本書に登場した人物とともに彼らに絡む人間が多数登場して、それぞれが自己に課した活動に従ってきたのだが、それらの活動は蘭学の流入から定着、そして幕府公認の学問となっていく過程と強く結びついているのである。異端であった西洋文明が学問の世界に広がって人々の意識を変え、文化革命を引き起こすまでの過程は野にある学問の逞しさに満ちていた。その活動力に駆動されて多くの人々が新しい知の世界に歩み入り、蘭学の豊かさを深めていった結果、自由の時代を求める意欲を生み出すようになった。幕末期に輩出した人物たち（佐久間象山、高野長英、渡辺崋山《かざん》など）にその素養を強く感じるが、そのような時代を準備した一八二〇年頃までの歴史の豊かさ・大らかさを「歴史の妙」として高く評価したいと思うのだ。

三つ目の「歴史の妙」は、一八世紀の終わり頃からいよいよ海外列強からの日本への交易要求が強まるようになり、まだ武力による直接の圧力はないものの、多くの心ある人々に不安な思いを抱かせるようになった時代の共通意識である。まだ誰も明確に危険性を表明してはいないものの、誰もがどのように対処すべきであるかを、不安感を抱えつつ考えていた。江漢は、レザノフとの交渉を断った幕府を「礼を知らない」と謗《そし》って交易の手を広げることを主張し、蟠桃は幕閣の措置に拍手を送りつつ、西洋列強の植民地化の動きに注目して警告を与えようとした。志筑は原点とも言うべき『鎖国論』に遡って日本という国の立ち位置をじっくり考え直す機会とした（「補論」参照）。大田南畝《なんぽ》も黒沢翁満《おきなまろ》も、それぞれ独自の反応をしている。そのように身近に迫った歴史の曲がり角を予感して、それぞれが自分の思いを内に秘めて国のありようを見ようとしていたのである。それを私たちが嗅ぎ取って大写しにしてみるのも「歴史の妙」ではないかと思う。

さらに四つ目の「歴史の妙」を付け加えるとすれば、「江戸の宇宙論」が展開した背景には、蘭学の流入が物事の原理を追究する窮理学へと人々の意識を向けたことを挙げておきたい。「星空を愛でる」感性から「星空を究める」理性へと日本人の知の活動が拡がり、地球に縛り付けられていた視線が地動説を通じて太陽系へ展開し、さらに無数の恒星が分布する無限宇宙へと拡大した。それは、もっぱら理を追究する精神の発見とそれを突き詰めたいという衝動の発露であり、それまでは模倣とその日本的改変に終始してきた日本人の文化意識に、理科的な知的世界を新たに築き上げるという意識を生み出したのではないだろうか。

「江戸の宇宙論」について言えば、江漢が夢想に近い想像力で無限に拡がる宇宙へ誘《いざな》い、志筑がニュートン力学という近代科学を紹介して宇宙論を科学的なものにし、蟠桃がそこから生命が誕生する条件を考えて生命が溢れる宇宙へと肉付けした、と言える。それは西洋の学問としての地動説・宇宙論の流入が、やがて日本において開花した歴史的必然でもあった。とはいえ、江漢の地動説は人々の気を惹いたようだが、志筑の『暦象新書』は写本で好事家のみにしか広がらず、蟠桃の『夢の代』はまったくの私本でほとんど知られることがなかった。「江戸の宇宙論」は、単に「時代の妙」が生み出した徒花《あだばな》に過ぎないと思われるかもしれないが、そうではない。科学上の新知見は密かに知られていくものであり、そうしたものとして窮理学を学んだ人々に受け継がれていったからだ。

むろん、その動きは小さなものであったが、窮理学の伝統は橋本宗吉《そうきち》（曇斎《どんさい》、一七六三〜一八三六）、帆足万里（一七七八〜一八五二、『窮理通』一八三六年）、青地林宗（一七七五〜一八三三、『気海観瀾』一八二五年）、吉雄俊蔵（一七八七〜一八四三、『遠西観象図説』一八二三年）、川本幸民（一八一〇〜一八七一、『気海観瀾広義』一八五〇年）、広瀬元恭《げんきょう》（一八二一〜一八七〇、『理学提要』一八五六年）などへと受け継がれ、福沢諭吉（一八三四〜一九〇一）の『窮理図解』（一八六八年）へとつながって、「科学」とか「理学」とか「物理学」という分野を拓くことになった。それにより、本木良永（天文用語）や志筑忠雄（物理用語）や宇田川榕庵（化学用語・生物用語）などが苦労して創り出した科学用語が明治維新を経て現在まで受け継がれてきたのは、そのような学問の伝授があってこそ、と言えよう。科学の分野は過去からの積み上げが決定的に大事であり、その意味では、蘭学がもたらした窮理学の伝統は現在にまで生きているのである。

以上のような、いくつか異なる「歴史の妙」に遭遇したことを想起しながら、四つの「歴史の妙」それぞれについて私なりの見方を書いてきた。果たして十分説得的に書けたかどうか自信はないが、とりあえずの区切りとして上梓できることを喜びたい。残るは、窮理学を継続した江戸時代末期の第五の「歴史の妙」の物語であり、それは今後の目標としたい。

「補論」　日本と世界の認識

　ここからは一気に視点を変えて宇宙から地上に目を移し、志筑忠雄と山片蟠桃が抱いていた当時の日本と世界の状況についてのリアルな認識を取り上げておきたい。彼らは時代の子どもであり、日本の将来について深刻に考えていたことを押さえておきたいからだ。志筑は、徳川幕府が長い間続けてきた鎖国に着目して、一六九〇年から二年間にわたって日本に滞在したケンペルが書いた『鎖国論』を一八〇一年に訳している。なぜ、ヨーロッパの列強が日本に訪れようとする前夜に、一〇〇年以上前の日本について書かれた文章を訳したのかが問題となる。

一方、蟠桃は志筑の『鎖国論』に刺激を受け、『夢の代』の「地理第二」において、彼らが生きた一九世紀初頭の世界情勢の厳しさについて記述している。現実主義者の蟠桃らしく列強の植民地主義的発想に既に気づき、警告を発しているのである。ここでは、志筑の鎖国日本を見る視点と蟠桃の世界情勢を見ての意見を紹介しておくことにする。

（補論―1）志筑忠雄の『鎖国論』をめぐって

先述したように、志筑はケンペルの『日本誌』の附録部分を翻訳し、それを一八〇一年に『鎖国論』としてまとめている。そもそも「鎖国」という言葉を使い始めたのが志筑であり、それまでは「国を鎖《とざ》す」との言い方はあったものの、鎖国という概念そのものは日本にはなかったのである。

ケンペルが、長崎出島のオランダ商館に医師として赴任していたのは一六九〇年から九二年までの二年間で、その間の見聞録をまとめたのが『日本誌』であった。なぜ志筑忠雄は、そんな古い本を翻訳したのか、との疑問が生まれてくる。むろん、海外からの日本への訪問が厳しく制限されていた時代であったから、外国人によって書かれた日本訪問記が数あるわけではなく、翻訳すべき手ごろな本がなかったのは事実であろう。しかし、ケンペルが滞在した当時と比べれば一一〇年後の日本を取り巻く状況は大きく変化しており、それを知らない志筑ではないはずである。だから、賢明な彼がなぜわざわざ古いケンペルの見聞録を取り上げたのかとの

疑問に答えたい

　ここでその謎について少し考えてみたい。志筑が政治向きの問題に強い関心を寄せ、何がしかの意見表明をしようと意図して、この本を翻訳したのではないかと推測されるからだ。事実、志筑は翻訳文中で、「検夫尓（ケンペル）自註曰く」としてケンペルが付けた註を詳しく解説するとともに、それとは別途で志筑自身の意見や観点を自註として付け加えている。さらに最後に、「右に示した篇の全体の意味を考える」として全篇への感想を書きつけ、自らの世界情勢への観点の一端を垣間見せている。それらを整理しながら、志筑の『鎖国論』についての諸々の問題を渉猟してみよう。

ケンペルという人

　エンゲルベルト・ケンペルは、ドイツの現在のノルトライン＝ヴェストファーレン州にあるレムゴという小さな都市に生まれ、ドイツ・ポーランドのギムナジウムや大学で学んだ。彼は古語であるラテン語を始め、フランス語、スウェーデン語、ポルトガル語、英語、オランダ語、ポーランド語をマスターし、医学とともに哲学・歴史学・地理学・植物学・音楽学を修めている。いつか世界旅行をすると予感して準備をしていたかのようで、医学を主専攻に選んだのも、探検隊とか使節団とか伝道団とかの専属医師となって海外に出るチャンスを摑《つか》むためであったらしい。

ケンペルは、長崎出島にあるオランダ商館の医師のポストを得て一六九〇年（元禄三年）九月に長崎に到着し、一六九二年一〇月までの丸二年間、日本に滞在して数多くの得難い経験をした。こうして日本に関する知識を得るとともに、国を鎖している日本の状況を詳しく観察し考察する機会を持てたのであった。一六九一年と九二年の二度にわたりオランダ商館長の江戸参府に随行し、江戸城内を子細に観察した上、五代将軍綱吉《つなよし》に謁見して歌まで歌うという珍しい体験もしている。

重要な点は、彼が助手として雇用した日本人が実に大きな貢献をしてくれたことである。彼自身が『日本誌』に「ここに一個の甚だ学識ある『青年』を得て、それが私の目的を達し、日本を記述するにあたって、非常に豊富な収穫を得る上で、期待した通りの能力の持ち主であることがわかったのは、私にとってとても幸福なことであった」と紹介した後、その「青年」がいかに有能で誠実で忠実であり、どれほど助けられたかについて縷々《るる》書き留めている。この「青年」がいなければ、日本語を知らないケンペルが『日本誌』を書くことができなかったのは確実であろう。

ところが、ケンペルはどこにもこの「青年」の姓名を書いていない。「青年」が用意してくれた資料（例えば日本地図）や情報は渡来者への提供が禁止されており、その発覚を恐れたためだろう。そのため、「青年」の名は長らく不明のまま謎であった。ようやく一九九〇年一二月〜一九九一年一月に開催された「ドイツ人の見た元禄時代　ケンペル展」の際、大英図書館から出品された雇用契約書である「請状之事」に、この「青年」が長崎通詞の今村英生《えいせい》（一六七一〜一七三六）であると記されていることが発見され、三〇〇年の謎が解けたというわけだ。この今村英生については、新井白石が宣教師シドッチの尋問を行った際に通訳をした（一七〇九年）ことでよく知られているのだが、それより以前の若き日にケンペルの面倒を見ていたのであった。

一六九二年、任期満了になったケンペルは長崎を出港して喜望峰周りで帰国の途につき、翌年オランダに到着し、その後は故郷のレムゴに落ち着いた。一七〇〇年（ケンペル四九歳）に一六歳のマリア・ゾフィアと（持参金目当てで？）結婚した。しかし、お互いに理解し合うことなく憎み合う関係に終始したらしい。それでも三人の子どもをもうけたのだが、いずれも早死にしてしまい、ケンペルも一七一六年に世を去ったのであった。

『日本誌』の出版まで

ケンペルは海外での体験記の出版計画を持っており、一七一二年に『廻国奇観』と題する本をラテン語で上梓した。この本で（1）「当代の日本について」（ドイツ語）、（2）「ガンジス河以遠の植物界標本図鑑」（ラテン語）、（3）「三部より成る世界旅行記」（ラテン語・ドイツ語取り交ぜて）の、三つの著書を続刊とすることを予告していた。『日本誌』は、予告されていた（1）に関わるものなのだが、完成する前にケンペルが亡くなってしまい、あわやせっかくのケンペルの著作は歴史に埋もれたまま消え去る運命であった。

幸いにも、ここにロンドンの王立学会の会員であったサー・ハンス・スローンという人物が登場する。彼は、『廻国奇観』を読み、そこに予告されている三つの書物を楽しみに待っていたのだが、著者であるケンペルが亡くなってしまった。それでも彼は諦めきれなかったのだろう、未刊の原稿があるはずとして探索に乗り出し、レムゴのケンペル家の遺族と交渉して、一七二五年には残っていたケンペルの草稿類のほとんど（全部で三六〇〇枚以上）を発見して買い取り、翻訳・出版に関する一切の権利を取得したのだった。

スローンは、この草稿類の中に『日本誌』としてまとまった形で整理されている束を見つけ、まずこれを英訳して刊行することにして、ヨーハン・ショイヒツァーに翻訳を依頼した。ショイヒツァーは日本に関するさまざまな文献で知識を補強しながら翻訳を完成させ、一七二七年に英語版の『日本誌』が刊行された。続いて、一七二九年にフランス語版とオランダ語版、一七四七〜一七四九年にドイツ語版というふうに、次々と各国語版に重訳され出版されたことから、いかに多くのヨーロッパの人々がこぞってこの本を待ち望んでいたかがわかろうというものである。

一七七三年になってケンペルの姪《めい》の遺品の中に、ケンペルの直筆原稿と甥《おい》が清書した原稿の二部の手稿が発見された。新発見の原稿は、クリスチャン・ヴィルヘルム・ドームが鑑定に出して本物であることが確認され、ドイツ語を原本とした『日本誌』が一七七七〜一七七九年に出版された。以前に英語版からの重訳によって刊行されたドイツ語版には不十分な点が多く、ようやくケンペルの母国のドイツ人が満足できる本が出来したのであった。

『日本誌』の読まれ方

『日本誌』が次々と異なる言語に翻訳されていったのは、この本によって開陳された日本の特異な状況がヨーロッパの人々の関心をそそったためだろう。大航海時代に入った後のヨーロッパでは海外雄飛の夢が育まれ、世界各地に出かけた人物の探検記や旅行記がむさぼり読まれたのだ。同時に、さまざまに異なった習俗や文化や社会を知ることで、自分たちが置かれた状況を客観視する契機となったに違いない。実際、ケンペルの著作を典拠にして持論を展開し、また日本について論じた作家や歴史家や哲学者が多くいた。

名前と著作だけを挙げると、ヴォルテール（『諸国民の風俗習慣と精神についての試論』）、モンテスキュー（『法の精神』）、カント（『永遠平和のために』）、ディドロ（『百科全書』）、フィヒテ（『封鎖商業国家論』）などで、他にレッシングやゲーテなども加わるらしい。シーボルトは『日本誌』を読んで啓発されたのか、長崎に到着した後、さっそくケンペルの業績を称える記念碑を建てている。ケンペルを西洋に日本を紹介した偉人の一人と捉えていたのである。

日本においては、かなり早い段階からケンペルの『日本誌』は知られていたようである。最も古い言及は三浦梅園の『帰山録上巻』で、一七七八年に長崎通詞の吉雄耕牛の自宅でケンペルの『日本誌』を手に取って見たことを、「ケンフルという書はシャムと日本の事をしるせり」と書いている。また本多利明は『西域物語』（一七九八年）において、「日本に渡来のカピタン（実際は医師）にケンプルといいしあり」「本国へ帰帆の後、書を著せり」「余その書を閲するに」と書いているから、やはり手に取って見ていることがわかる。

吉雄邸にあった本を大金を積んで購入したのが平戸の藩主松浦《まつら》静山《せいざん》（一七六〇〜一八四一）で、

「この書、我が邦に伝うるもの僅かの一、二部なり、今にして償わざればおそらく烏有《うゆう》氏の奪う所（まったく無に帰する）とならん」と、それを手に入れた誇らしい気持ちを本に付した自序に書き込んでいる（一七八二年）。志筑の『鎖国論』となった原本はこの松浦本で、平戸に滞在して閲覧し、翻訳したらしい。また、司馬江漢は『無言道人筆記乾巻』（一八一四年）に、「蘭書にケンプルと云う人物の書物がある。これはすべて日本の事を書いた書物である。その中に日本人を描いた図があり、刀と脇差を右の方に差している。反転した銅版の画をそのまま引き写したせいなのか、それともこの国の銅版職人が日本人を見なかったためだろう」と書いている。さすがに画家の江漢らしく、差している腰の刀の位置が逆になっている図を見て、日本を知らない人物が描いたことを見抜いている（以上、大島明秀『「鎖国」という言説』による）。

『鎖国論』について

さていよいよ志筑の『鎖国論』に入っていこう。正確に言えば、これはケンペルがラテン語で書いた『廻国奇観』のうちの『日本誌』に収録されていた日本関係論文（六篇）の最終である第六論文「探究―現在の如く日本が国を鎖して人民が外国と交易を営むことを許さぬことが、日本を幸福にする助けとなるや否や」を、志筑が『鎖国論』と名付けて翻訳したものである。

志筑はおそらく『日本誌』の全文を読んだのだろうが、すべてを翻訳するつもりはなかったらしい。全文は長過ぎて自分の体力や時間の問題から翻訳できそうにないと考え、自分が興味を持つ日本の国家体制や国民性や文明の状況についての記述は、この附録論文にコンパクトにまとめられていて十分だと判断したと推察されるのだ。

さらに、志筑自身がケンペルの著作から知りたかったのは、日本が西洋からどのように見られているかなのだが、多くの記述は当時ではもう古くなっていて、『日本誌』全部を訳す意味を感じなかったのではないかとも推測されている。実際、後述する第二章に、志筑がわざわざ自註を付け、「ケンペル以来、既に百年余も経っているのだから、我が国の風俗はその頃と今とでは変わっていることもある」と記しているからだ。だから、ケンペルの記述がもはや時代遅れになっていることを志筑自身がよく知っており、ケンペルの『日本誌』すべてを翻訳する必要を認めていなかったことも確かだと思われる。

これを『鎖国論』と題した理由だが、翻訳の「凡例」に相当する「鎖国論訳例」において、「この書は、元来は鎖国論という題名ではなく、また上下巻の別もない。これらは私が仮に設けたものである」とあるように、彼自身の考えによって名付けたことが明らかである。おそらく、原題が非常に長いのでそれを題名とするわけにはいかず、「国を鎖す」という意味から「鎖国」という言葉を編み出したのであろう。このことは、ケンペルの原文及びショイヒツァーの英訳の多くで「国を鎖してから」とある部分を、志筑は「鎖国より以来」と訳している点からも窺える。

もっとも、原文がそうでない部分であっても、「鎖国の事」というように意訳（彼は義訳と言った）をした部分があり、志筑が「鎖国」という言葉に強いイメージを持っていたことも確かである。幕府が出したのはあくまでも「禁止令」であって、一切「鎖国」という言葉は使わなかったから、日本にはそもそも「鎖国」という概念はなかった。しかし、志筑の造語によって、後世の私たちがあたかも昔からあった概念であるかのように思い込むようになった、と考えた方がよさそうである。

歴史的に見れば、最初に豊臣秀吉の伴天連《ばてれん》追放令（一五八七年）があり、江戸幕府になってからキリシタン宗門の禁教令（一六一二年、一六一三年）、日本人の海外渡航と在外日本人の帰国禁止令（一六三五年）、そしてポルトガル船の来航禁止令（一六三九年）と、次々と出された禁止令が積み重なって、結果的に外国との通商を行うのを四つの口（長崎、対馬《つしま》、薩摩《さつま》、松前）に制限してしまったのである。その意味では、海外貿易を完全に遮断したわけではないから、幕府も「鎖国」したという意識はなかったと言ってもよい。また、志筑の訳本は写本として広がりはしたが、やはり限られた範囲でしか知られず、これによって「鎖国」という概念が日本中に広がったわけでもない。

そうすると、「鎖国」の概念が日本人の意識の中で確固としたものになったのは、その逆の「開国」が意味あるものとして打ち出されてから、ということになる。事実、「開国」によってもたらされた明治維新を高く評価し、これを明るく積極的に肯定する一方、限られた国としか交易しなかった封建体制の江戸時代を暗く否定的に描き出すために、「鎖国」という概念がことさら強調されるようになったのではないか、という論がある（荒野泰典『「鎖国」を見直す』）。

当時（一八〇〇年前後）の日本を取り巻く状況は、特にロシアからの圧力が強まりつつある時代であった。工藤平助《くどうへいすけ》（一七三四～一八〇〇）が『赤蝦夷風説考《あかえぞふうせつこう》』を完成させたのが一七八三年で、同書はロシアの南下を警戒しつつ蝦夷地開拓を積極的に行うことを勧めた著作である。続いて、林子平《はやししへい》（一七三八～一七九三）が隣接する朝鮮・琉球《りゅうきゅう》・蝦夷の三国と小笠原諸島の地理や風俗などを詳しく書いた『三国通覧図説』（一七八五年）を、さらに一七九一年には『海国兵談』を刊行している。そこに林は、「江戸の日本橋より唐、阿蘭陀迄境なしの水路也」と書いて、世界が海を通じて結びついており、やがて外国から圧力がかかって国を開かねばならなくなるということを暗示していた（これらの著作により林子平には絶版・蟄居が命じられた）。

一七九二年には、ロシアの使節ラクスマンが根室に来航し、それに同行した漂流民の大黒屋光太夫以下三名が帰国を果たしたのだが、その聞き書きを桂川甫周が正式に『北槎聞略』としてまとめ、ロシア国内の政治の内情やロシアにおける日本語教育の状況などを記している。志筑も一七九五年にロシアのシベリア開拓や清との交渉の由来を記した『魯西亜来歴（魯西亜志附録）』を刊行しており、ロシアの進出に刺激を受けて翻訳したと思われる。このような社会情勢が背景にあって『鎖国論』の翻訳がなされたことは疑いない。

『鎖国論』の論旨

以下で『鎖国論』の論旨を抜粋して紹介する。『鎖国論』のテキストとしては、小堀桂一郎氏の『鎖国の思想』と杉本つとむ氏が校註・解説されている志筑忠雄訳『鎖国論』を参考にした。

まず本書の冒頭で「極西　検夫尓著」と、ケンペルの著作であることを明示しているのだが、そこに「極西」と書いていることが面白い。ヨーロッパから見れば日本は「極東」なのだが、日本から見ればヨーロッパは「極西」であり、まさに位置は相対的であることを志筑は強調しているのである。

冒頭では、

今の日本人が全国を鎖して、国民をして国中・国外に限らず、敢《あ》えて異域の人と通商せざ

らしむる事、実に所益あるによれりや否やの論
と、ほぼ原論文の題名をそのまま表示している。以下、『鎖国論』で訳されたケンペルの文章を私の解説を交えながら引用する。章分けした小見出しは、杉本つとむ氏の著書の補注に記載されていたものを参考にして付けた。

第一章　各国は交流するのがスジだが

本章の冒頭でケンペルは、

この小さな地球なのに、それをさらに分割するのは道に背いている。人々が交流するのは当然であるのに、これを分断しようとするのは大罪であり、人を殺すに似た所業である。造物主が創ったすべてのものは互いに交わりたいと思っているからだ

と述べ、全人類の共通の故郷である地球において、人々が互いに往来し、結び合い、助け合うことこそが正道であることを強調している。

ところが、日本人は国を鎖して、外国と通商することを禁じ、住民を囚人のように領内に閉

じ込め、暴風で外国の浜に漂着し、帰国した住民を獄につなぎ、国を出た者は磔《はりつけ》にし、日本に漂着した外国人をも獄に投じるというありさまで、神が配慮する人々の自由で友好的な交流の推進を拒否しており断罪すべきである、というわけだ。原則論から言えば、「日本の鎖国は許されざる悪行だ」と決めつけることから『鎖国論』を開始している。換言すれば、この論を論破するためにケンペルは『鎖国論』を書いたと言えるのだ。

　実際、志筑は註を付けて、

> （ケンペルは）鎖国には理がないかのように述べている。このような天下が一体となって互いに相交わるべきとの論は、西洋の人々が普通に言っていることであり、ケンペルは実は次の段のことを言いたいがために特に持ち出したもので、自分で問題を投げかけて自分で反論しようとしているのだ

と、ケンペルの議論の立て方のテクニックを暴露して注意を促している。事実、ケンペルはこれに続けて、

> 地球上では各地で風土が異なり、複数の民族がそれぞれ独自の生活を営んでいる。そのと

き、どの民族も皆それぞれの領地内で満足して生きており、自然の恵みによって自給自足できていて交易を必要とせず、文化も十分発展しているのなら国境を開く必要はない。わざわざ国を開いて、異国の悪徳や暴力の悪影響を受ける理由はないからだ

と外国の悪弊を受けぬよう国を鎖すのもいいではないか、と言うのである。その上で、

まさにこの日本は世界から隔離して生きることができる条件を備えているだけでなく、住民が有能であるのだから、鎖国も良い選択ではないか。そのことを以下に論証しよう

と続けている。

つまり、ケンペルの論法は、

（1）一般論・理想論として人類は助け合って共存すべきものとして、いったん鎖国の否定論をぶち上げ、
（2）しかし条件次第では鎖国する方が良い選択である場合があると述べ、
（3）日本はその条件を満たしている珍しい国であると主張する、

というものである。なかなか巧みな論理立てと言うべきではないか。

第二章　日本について

まずケンペルは、最初に日本の地理的条件として、

日本は、マルコ・ポーロがジパングと呼んだ国で、多くの島々から成り、多くの狭い水道によって互いに隔てられ、自然はこの国を堅固無頼の防壁で取り囲んでいる。海は常に荒れ、航路は狭く、暗礁が多く危険である。いくつか良港はあるが、外国人に教えることが禁じられている

と、日本はそもそも地理的に外国から近寄り難いことを述べ、鎖国の第一条件としている。

続いてケンペルは、日本の都市の規模について述べており、

最高位の神官（天皇、出世帝）が住む都市は、キョウ（京）またはミヤコ（都、首府）と呼ばれ、規則正しい街路を有している。皇帝（将軍、世間帝）の居城があるエド（江戸）は地上

最大の都市と言える

と書いて京都と江戸の地図まで添えている。天皇と将軍が並立する日本の政治体制を示し、それぞれが居住する政治都市を紹介し、日本は決して文明の劣った国ではないと示したかったのである。

続くケンペルの文章は、

日本人が持っている性格として、ものおじしないというか、勇壮というか、仇敵に負けたときや報恩できないときは切腹することを厭《いと》わない

とある。日本人は文弱の徒ではなく、勇猛果敢であると指摘しているのだ。これもまた鎖国を可能にする条件の一つである。そして具体的に、

日本の自然環境は堅固であるから、外敵の攻撃を受けることは稀で、未だに敵国に負けたことがない。日本国民は機略、勇気、秩序、服従の精神において欠けるところがない。また、敵を遠方から攻撃するのに適した弓矢や鉄砲、接近して襲うのに有効な槍や太刀など

勝れた武具にも事欠かない

と述べている。外国からの侵略が少なく、また日本人は規律に従って国を守る意識を持っていて、武力も備えており、鎖国を続けるための軍事的な体制を完備しているというわけだ。ここで志筑は、前出のように、

我が国の武備のことを言っているのだが、ケンペル以来、既に百年余も経っているのだから、我が国の風俗はその頃と今とでは変わっていることもある

とわざわざ注釈をつけている。ケンペルの言うことをそのまま鵜《う》呑《の》みにしてはいけない、との懸念を書かずにはいられなかったのだろう。

ケンペルの日本人論はまだ続き、

日本人は、勤勉で困難に耐え、粗末な食事でも満足し、寒い夜であっても幾晩も寝ずに警備をする。それでいて、礼儀作法を守り、身体や住居を清潔に保っている。この国の人々の精神を正確に見聞した人は私の言うことが納得できるだろう

とべた褒めである。日本人の国民性や生活状況について、勇猛さと温厚さ双方の気質という、鎖国を続けていくための条件を備えているると高く評価しているのである。

第三章　日本の国土と日本人

さらにケンペルは、日本という国は、自給自足ができ、他国と交易する必要がなく、文化的水準も高いことを以下のように述べる。

日本は北緯三〇～四〇度の間にあって気候温暖であり、豊穣な土地なのだが、地勢が険しく、岩石が多く、山が高くて急峻な環境に取り囲まれている。これを勤勉さと節制によって、また頑健な肉体と応用発明の才知によって、実り豊かな耕作地に変え、多種多様で豊富な物産を産出している。また、天然資源、畜産物・農産物・水産物など、さまざまな産物が豊かである。その上、手先の器用さと着想の巧みさを活かした日用品の加工、金属類の細工、絹製品、上等の酒、和紙、漆、塗物細工などの製作に長けており、これらを取引する商業活動が活発で生活レベルも高い。このような自足した生活を日本人は実現していると、いろんな側面において鎖国できる物質的条件を満たしていると言うのである。

すぐ続いてケンペルは日本人の欠点として「知者をもって不足なりとせん」、つまり精神的素養（哲学研究）が欠けている、と述べている。具体的には「神の哲理や音楽や数学を知らないままである」と、日本人は宗教や芸術・文化には疎いお国柄であると見抜いている。

ケンペルは、日本でキリスト教が禁止された理由として、「イエズス会の神父たちの性急な布教行動が日本人に危機感を持たせたためである」と正しく理解している。実際、日本人の間で無神論が横行しているわけではなく、「善を勉め、行を潔くし、仏神への務めを行っていることはキリシタンの及ぶところではない」ほどで、確固として自分の宗教を有していることもケンペルはよく知っている。

続いてケンペルは、刑法や法の裁きについて触れ、

日本人は刑法裁断について無知なのだが、ヨーロッパ人も同じで、法の誤用によって無罪の者を有罪だとして重罰に処したことがたびたびある。日本では訴訟が増えることを恐れて法の裁きが速く、この速決性のために間違いが起こることがある。逆にヨーロッパでは裁判が長引き、費用がかかって疲れ果ててしまう

と日欧それぞれの法執行の欠陥を公平に見ている。実際、ケンペルはこのような欠点があるヨーロッパの法制度を唯一と考えてはおらず、

日本に裁きのための法律がないと考えてはいけない。厳格な法規制があり、これを守ることが強く求められているからだ。それがあるからこそ、現在のように蜂起反逆する者がなく、法が行き渡って繁栄することになったのだろう

と、日本流の法規律の存在を認識している。ただし、日本は相互が厳しく監視し合う社会であり、共同規範から少しでも外れると「村八分」となって生活できなくなる、というような現実に行われている規律の強制についてはケンペルは知らなかったと思われる。

第四章　日本帝国の歴史と鎖国の理由

ここからケンペルは、日本人がなぜ鎖国政策を決定し、どのようにして統治して鎖国に至ったかを説明するために、日本の歴史を振り返っている。まずは徳川政権が、

（全国民が先祖への信仰と天皇崇拝で結びついているという状況の中で）キリスト教は、国家の和平、国の教法、神仏信仰、天皇への従属などに背くと断定した

という次第で、キリスト教の禁止を打ち出した。日本の伝統的な宗教意識と調和し得ないと判断したためである。続いて、

国民が外国に旅行すること、異国人がこの国に入り込むことはこの国には相応《ふさわ》しくないとした。今後生じかねない災禍の原因は異国異風に責任があると断じ、それを根本から遮断しない限り駆逐できないと考え、「国まさに閉鎖すべし」との命令が下ったのであった

と、いよいよ外国からの影響を遮断するために、国を閉じる政策へと進んできたと分析する。

以上のように、日本が鎖国に至るまでの政治の動きをケンペル流に読み解いているのだが、いくつか関連する事柄についての独自の見解も披露している。その一つがポルトガル人の扱いの問題で、ポルトガル人の日本攻略法が為政者にとって危険な存在になっていったと解釈している。同時に、キリスト教も政権に悪影響を与える危険性を帯びるようになったことを指摘する。

キリスト教が盛んに行われるようになって以来、教徒たちが一体となる団結ぶりを見せ、日本に昔からある神仏や教法を忌避するような態度をとったため、国家の疑惑と不安を招き、猜疑《さいぎ》の目を向けさせるのに十分であった。キリシタンをそのまま放っておいて信者が増えるのに任せれば、内乱の原因となって反逆しかねない、そのような恐怖心を持つようになったのである

と、キリスト教が為政者にとって厄介なものになってきたと解釈している。この辺りは、多数の国が共存（共争）し、異なった宗派が入り乱れるヨーロッパの情勢と重ね合わせた、ケンペルお得意の複眼的思考であろうか。

結局、日本においてはポルトガル人及びキリスト教に対する制限を加えるようになった。その方法が「鎖国」であって、

ポルトガル人は国から退去すること、日本人は決して日本の国土を離れてはならないこと、海外渡航中の者は一定の時期までに帰国しなければならないこと、キリスト教を信じようとする者はすぐに棄教することを誓うべきことなどを命じたのである。違反の場合は磔に

なることも広く知らせた

とその内容を紹介している。ケンペルは鎖国に至った経緯について、必然的な方策であったと理解を示している。

とはいえ、鎖国政策を実践していくのには多大な犠牲があり、

一六三八年四月以来三万七千のキリスト教徒を皆殺しにして残党を一掃し（島原の乱）、一六四〇年には、ポルトガル人が日本に入国しようと謀ったという罪で使者と従者六一人が斬罪に処された。このような凄惨な人間の虐殺はその後も続き、完全に終わったのは一六九〇年頃で、以来、一切の門戸、境界、海岸線は封鎖され、国は鎖されたのであった

と、まさにケンペルが来訪した頃にようやく鎖国が完成したと述べている。日本が鎖国方針を採るに至った状況を、世界の人間に納得させようと気遣って記述していることが窺えよう。

鎖国の例外国の一つはオランダである。ケンペルは自分が勤めるのがオランダ商館であることから、日本とオランダの関係について、

オランダの東インド会社は一七世紀の初めから日本と通商を続けており、オランダの人々が正直であることを日本人はよく知っていた。またオランダは、当時既に日本国家の敵となっていたポルトガルとは友好関係になく、島原のキリシタン弾圧にも厳しく対処する立場に賛同してきたのだから、ポルトガルと同じように扱われたとすればむしろ不当であっただろう

と述べ、オランダがポルトガルとは違う立場であったことを強調している。

また、「長崎で交易を許されているもう一つの国である中国は、日本との間で長い歴史的関係があって、日本にとって中国は実に恩のある国のため、排除する対象とせず、自由に交易して行動の自由も許したのであった。ところが、中国人が日本に持ち込む書籍の中にキリスト教を説くものがあったため、中国人に対してもオランダ人とほとんど同じ扱いをすることになった」とケンペルは理解している。

第五章　鎖国後の日本帝国の幸福なる状態

以上のような経過を経て鎖国が実行されるようになった日本について、ケンペルは、

日本が国を鎖すに至った今、将軍が考え計画したことに対して反対し妨害する者は誰もいなくなった。領主たちは皆帰順し、家来たちの謀反はなくなり、万民こぞってよく将軍に従ったため、勝手気儘《きまま》な行動を心配する必要もなくなったのである

と、政治情勢が落ち着いて平和を享受するようになったと見ている。このような政治の成功によって日本が鎖国の正しさに自信を持つようになったことを、ケンペルは、

国中に反乱の恐れもなくなり、国境問題はなく、無敵の状態となって、他国の繁栄を見て羨《うらや》み妬むというような賤《いや》しい気持ちを超越するようになった。実際、日本国には恐れるべき難事がなく幸福であり、外国からの来襲を心配する必要がなく、琉球・蝦夷・高麗及び周辺の対馬や佐渡や八丈島などの島々は、すべて日本帝国に服属した

と、万事が巧く運んでいく状態になったと捉えている。

鎖国下での日本国民は、閉じられた社会における幸福を満喫しており、ケンペルが日本を訪れた頃は、まさにこのような政治・社会状況であったのは事実であろう。実際、人民も平和で安寧で豊かな生活を満喫し、過去にも実現できなかった満足した自給自足の状態が実現されて

いるというのである。ケンペルは、このような好ましい状況はもっぱら鎖国によってもたらされたとして、

統治者である尊敬すべき将軍によって、海外の全世界との交通を一切遮断し、完全な閉鎖状態にある現在ほど、国民の幸福がよりよく実現している時代を見出すことはできないのではないか

と結論している。鎖国によって十分幸福な状態が実現されるなら、鎖国政策は正しい、というわけである。

ケンペルが日本に滞在したのは、戦国時代が終わってから約一〇〇年経った政治的安定期であり、儒教思想を徹底させて徳を重んじる文治政治が定着した時代であった。実際、この頃は元禄時代（一六八八〜一七〇四年）に象徴される江戸文化が花開いた時代で、人心も安定しており、その意味では、ケンペルが見聞した当時の日本の治世状況は最良の時期であった。その後、一六九五年頃には東北での飢饉があり、一七〇三年に元禄地震、一七〇七年には宝永地震・富士山噴火と相次ぐ天災に襲われたのだが、その頃にケンペルが日本を訪れていたら、さてどう判断したであろうか。

志筑忠雄の「訳者あとがき」

以上がケンペルが書いた『鎖国論』の大要だが、ここで志筑が「訳者あとがき」と言うべき長い註を付け加えて、彼の感想をまとめている。

最初に『鎖国論』の第一章でケンペルが述べたこと（同じ地球に生きる者同士、互いに交流し合うのが当然で、それを分断しようとするのは大罪である、との立場）に反論をすべく、地球上の人間は多様な生き方をしているのであり、鎖国して他の国々との交流を断つのも非難すべきではなく、むしろそれは自然な姿であると強調している。並行して翻訳を進めていた『暦象新書』の宇宙論的な視座が強く頭に刻印されていたこともあって、宇宙からの視点も付け加えたのであろうと想像される。

志筑は鎖国をすることの必然性として、海で隔てられた日本の地勢を第一に挙げる。そこで異国と交わらなくとも何不自由なく暮らしているのだから、問題がないではないかというわけだ。そして、日本は自給自足できる国であるから、外国と交易する必要はないと言うのである。それどころか、外国と交易すれば、必然的に風俗が損なわれ財宝が盗まれるということが起こる。そのことを他国との交わりを断つ理由としたのである。そのように鎖国は大いに義に沿い利益があることなのだから、君主が立ち上がってこのことを決定し成就させたのであった。日本という国に相応しい決定というべきであろう

と、志筑はケンペルが述べている見解に大賛成なのである。

とはいえ、当時の国際情勢が一〇〇年前のケンペルの時代とは異なっていることは、志筑もよく知っている。事実、「今、ロシア人がその国を広げて中国に及び、また奥蝦夷のカムチャツカに至って日本に迫ろうとしている」と、北方の情勢が厳しくなっていることを認めている。しかし、ロシアから蝦夷地は遠いから簡単にやってこられないだろうし、武備が堅固な日本にわざわざ攻め込んで来ることはない、と楽観的である。一七九五年に『魯西亜来歴』を訳していて、北方領域の土地鑑があったのかもしれない。

ただし、志筑は用心するに越したことはないと、

古人が言った敵国外患の類（孟子の「敵国がなく、外国との関係にも心配がない国は、国民全体に緊張感が薄れて必ず滅亡する」との論）とはまた異なった意味において、日本をしっかり守

る必要がある

とも言っている。そして、

この書物（『鎖国論』）を翻訳したのも、徒《いたずら》に娯楽として弄んでいるのではなく、このような得難い国に生まれ、ありがたき時代に遭遇して、自然の草木とともに雨露の恵みを得られることの楽しさを語るときの心の喜びを添える一助にして欲しい

と書き添えている。ケンペルが高く評価した日本の素晴らしさを日本人として見直し、さらに国を愛おしむ契機としてもらいたいと述べているのだ。

「書き込み」の謎

以上のように、志筑はケンペルが日本の鎖国を是とした論拠をそのまま継承すべきと考えていることは明らかなのだが、一方でそれに対して疑問を呈するかのような文章も登場する。『鎖国論』の写本の「訳者あとがき」の最後の部分に付け加えられている「書き込み」である。

杉本つとむ氏の架蔵本にはないのだが、一般にはこの「書き込み」がされた写本の方が多く伝わっているという。その「書き込み」の内容は、

さらにまた異国異風の恐るべき邪説や暴論を憎んで、広く天下に求めてもさらに尊敬すべき人はおらず、仰ぐべき教えもないことを自覚して、国外からの侵入を防ぎ、国内は和合を強めることが最も必要なことで、その決心を固める上において本書は少しは役立つであろう

というものである。明らかに楽観的な鎖国肯定論ではなく、国外からの侵入と国内における意見の分裂を警戒すべきと述べ、『鎖国論』をそのような状況への参考として欲しいと述べているのである。志筑は鎖国に近い状態であった日本を全面的に肯定し安心していたわけではなく、日本の将来を案じていた可能性があるのだ。その場合には楽観的な鎖国肯定論をそのまま鵜呑みにできないことになる。とはいえ、この「書き込み」は杉本氏が言われるように、後世の人間が加筆したものかもしれないのだが……。

志筑忠雄の意図は？

さて志筑は、どのような意図を持って本書を翻訳したのであろうか。ここでは、外国からの開国の圧力がひしひしと感じられるような一八〇〇年頃の時期にあって、なぜ慧眼な志筑が鎖国を推奨するような著作を翻訳したのだろうかという疑問について、少し考えてみたい。

荒野泰典氏は、志筑忠雄は開国が迫られる時代であることを見越して、むしろ積極的に『鎖国論』を翻訳したのであろうと推測されていて、「ヨーロッパ人は日本のことをこう見ている、『鎖国』に対する評価がマイナスになっている、ということを国民に知らせようとしたのだと私は思うのです」、「欧米諸国に迫られて、いずれ『開国』せざるをえなくなるだろうということを見越していて、それに備えて日本国民は上下一致して事に当たることが必要だと繰り返し警告しているのだと思うのです」と述べられている（『「鎖国」を見直す』）。しかし、「思うのです」とだけあって具体的にはその箇所を示されていない。

そこで、『鎖国論』のなかでその論理に合う箇所を探してみた。すると以下のような箇所に思い当たった。志筑が加えた「訳者あとがき」の最初で、彼は鎖国をしていることが日本のためには大いにプラスになっていることを述べるのだが、そこでは「ケンペルが意、けだしこの如し」と書いており、これは（自分の意見ではなく）あくまでケンペルの言であると強調しているのだ。そして、今の世界情勢を見れば、ロシアが東方進出を目指して中国に迫り、奥蝦夷のカムチャツカに至っているのであり、「我に逼《せま》らんとするが如きは、我に在りても新たに一箇の疾《やまい》を得たるに似たれ」と、病魔が日本に手を伸ばしているのに似ていると警告している。この言葉に、いずれロシアが開国を迫ってくることは確実であることをにじませていると受け取ることはできる。

そのことは、先に引用した「古人が言った敵国外患の類とはまた異なった意味において、日本をしっかり守る必要がある」と付け加えていることからも推測できる。さらに「この書物を翻訳したのも、徒に娯楽として弄んでいるのではなく」と、真剣に心配し言っているのだと強調する。すると先ほど示した最後の文章の、「このような得難い国に生まれ、ありがたき時代に遭遇して、自然の草木とともに雨露の恵みを得られることの楽しさを語るときの心の喜びを添える一助にして欲しい」との箇所は、この本を読んで日本の現状と将来を考えてもらえたら、との気持ちが込められていると受け取ることもできる。

実は、『鎖国の思想』を書かれた小堀桂一郎氏は、「我に在りても新たに一箇の疾を得たるに似たれ」の部分について異なった読み方をされている。小堀氏も慧眼な志筑が、北方防備の問題に日本の当局が慌ただしく動き始めたそのときにこの訳を行ったのは、単にロシアの脅威を煽《あお》ることが目的ではないと考えられたのだ。「むしろ、ロシアとの通商は国民の経済活動や消費生活に沈滞をきたさないような刺激になってくれることが期待でき、それが限られた国との間としか交易をしない鎖国の利点である。だからロシアからの脅威はよい刺激として歓迎すべきだと志筑は考えたのだろう。逆に、このような脅威がなく、天下泰平が続くようなら、国内に暗愚の為政者が出現し、国民も次第に無為・無気力の民になってしまう、そのことを『我に在りても新たに一箇の疾を得たる』と述べ、むしろ志筑は恐れたのではないか」というのが氏の解釈である。

こうなると再度検討すべきなのは、上述の「書き込み」である。しかし、循環論法になりそうなので止めておこう。いずれにしろこの『鎖国論』は、風雲急を告げつつある時代であることを背景にして翻訳された、ヨーロッパ人の目を通して過去の日本を見た記録であり、少なくとも、翻訳した志筑の日本への思いがこもった書、と言うことだけはできるのではないか。

（補論―2）　山片蟠桃の世界認識

続いて山片蟠桃の当時の世界認識についても見ていこう。『夢の代』の「地理第二」は、蟠桃が身近な日本からより遠い世界へと視点を移していくという手法で書いており、現実の人間社会が作り出している生々しい国際情勢への蟠桃流のリアルな観点を表明していると言える。遠い宇宙から近い地上に視線を移しての世界の認識であり、地球上での人間の生活に焦点を当てている内容であるのだ。その理由は、蟠桃が『夢の代』を執筆し始めた頃（一八〇二年）に志筑の『鎖国論』を読んで、一応日本の鎖国政策について賛成はするが、国際情勢がケンペルの時代とは異なっていることを明確にしなければならないと、強く思案したためではないかと私は想像している。

実際、一八世紀の終わり頃には、イギリス・オランダ・スペイン・ポルトガルなどヨーロッパ列強によるアジア・アフリカ・南アメリカの分割競争はほぼ一段落した。さらに、新たにロシアの台頭・進出があり、各国の利害をかけた植民地獲得のための攻防が激しくなっている。

そのような状況の中で、日本はオランダ・中国・琉球・朝鮮・蝦夷地のみに交易相手を限り、それ以外の国とは門戸を閉ざしたままの状態を保ってきたのだが、いずれ国を開くよう圧力をかけられるのは必至だと予想された。

事実、ロシアは早くも一七七八年に蝦夷地に来航して以降、一七九二年にはラクスマンが根室に来航して漂流民の大黒屋光太夫らを引き渡し、交易の交渉のために同地で越冬したが、長崎への入港証を受け取っただけで、空《むな》しく帰国せざるを得なかった。一八〇三年にはアメリカ船が長崎に、一八〇四年にはロシアのレザノフが漂流民の津太夫らを伴って長崎に来航した。さらに、一八〇六〜一八〇七年にはロシア船の樺太襲撃、一八〇八年にはフェートン号事件（イギリスの軍艦フェートン号が国籍を偽ってオランダ国旗を掲げて長崎港へ侵入し、オランダ商館員を人質に取って薪や水、食糧を要求、入手後に逃亡した事件）というように、緊迫した状況が頻々と起こるようになっていたことも蟠桃の耳に入っていただろう。

このような時代状況の下で、蟠桃は当時の世界情勢についての実態を明らかにして、幕閣及び日本人への警告として書き残しておきたかったのではないか、というのが私の仮説である。「地理第二」においては、現実の人間社会が作り出している生々しい国際情勢をそのままリアルに表明しており、「これを見てあなたがたはどう思いますか？」と人々に問いかけているのではないか、と愚考した次第である。

世界の国名について

当時の世界について流布していた知識は、一般には「西洋人が天下を巡って、アジア州、ヨーロッパ州、アフリカ州の三つの大陸を発見した。後に残り二つ、アメリカ州、メガラニカ州を見つけ、これを五大陸と命名したのである」というものだが、蟠桃はそれに異議を唱える。メガラニカは北側しかその実態がわかっておらず南の方は今もってわからないこと（当時メガラニカ州はどうやら幻であるらしいことがわかりつつあった）、アメリカ州を南北に分けたが実際には島であること、初めの三大陸は陸続きだから、一つとするか、二つとするのか、三つとするのか、決め方次第であること、の三点について文句をつけているのだ。特に最後の点については、

これを三大陸として分ける場合、西紅海・地中海を以てアフリカとアジアの境界とし、カスピ海・黒海・オビ川を以てヨーロッパとアジアの境界とすることも可能である。さて、どのように地域の境界分けをするのかについては、ほとんど天帝の命令のようなものと言えよう

と、西洋人が勝手に区分して、勝手に属地を決めてしまうことに不満があるのである。

　さらに、蟠桃が憤慨したのは、地元の人間が昔から使っている固有の国名があるのに、西洋人が好き勝手に付けた呼び名を当たり前のように使っていることである。「天竺、漢土、大日本とは言うが、西洋人が名付けた呼び名はインド、支那《ママ》、ヤーパン（ジャパン）とあって、それが通用するのは何とも恥ずかしいことではないか」と憤懣《ふんまん》やるかたない。現地人が使ってきた正式名があるのなら、何も西洋の呼び方をしなくてもいいではないか、と言いたいのだ。特に日本については、

　「日本」という名は我々の本名である。ところが、中国から「倭」という名が付けられた。我が国の心ある者はこれを恥じると言ってはいるが、漢文字を用いる国の人間に向かうと、倭と言わなければ通じない。同じように、西洋人及び万国人との間では「日本」では通じず、「ヤーパン」と言わざるを得ない。どの国々にも皆本名があるのだが、その名は後ろに隠れており、皆西洋人が付けた名以外では通じない。何とも口惜しいことではないか

と怒っている。先に「何とも恥ずかしい」と言い、また「何とも口惜しいこと」と言って、

正当に「日本」という正式名が通じないのが腹立たしいのである。国粋主義というよりは、固有の（伝統の）呼称を尊重せよ、ということなのだろう。

西洋人が、自国で勝手にそれぞれの国や地域に仮に名を付けていたのが、そのうちに誰もが用いるようになり、ついにその名を用いないわけにはいかなくなったという類のものでしかない。西洋がその国の目印・符牒《ふちょう》として勝手に付けた呼び名がどこでも通用する理由はないという主張である。いかにも不本意であると蟠桃は言いたいのだ。

ロシア情勢について

蟠桃は地球全図が描かれている万国の図として、「東都の司馬江漢という人の銅版の『輿地全図』と、浪華の橋本宗吉の『喎蘭《オランダ》新訳地球全図』（一七九六年）」を紹介している。蟠桃は最新の地図を手に入れていたのである。そしてそれらを見て、地理に関する新知識が容易に手に入れられる時代になったことを喜んでいる。地理の歴史を知るということは、人間の世界認識の歴史を知ることに通じている、という観点をしっかり持っていたのだ。

そして、目下風雲急を告げそうなロシアの歴史と現状については、八〇～九〇年前頃から東へ東へと進出し、ついにカムチャツカの地まで到達し、さらに蝦夷千島のうち、ラッコ島（ウルップ島）・択捉《えとろふ》・国後《くなしり》などの島々にやって来て市場に加わるようになった。この頃から蝦夷地を精密に調査し、彼の国の地図に載せるようになったようだ。それ以後、日本の漂流船がカムチャツカ近辺やその奥に着岸したとき、すべてモスコビヤ（ロシア帝国）に連絡が行き、陸路によって漂流民を王都に召し出し、風俗や地理のことを詳しく聞き出したそうである

と、ロシアが徐々に東方に進出して蝦夷地の人間と交易するようになる一方、漂流民を通じて日本の風俗や地理について調査していることに触れる。このように、ロシアが日本と本格的な交易をすべく接近している情勢を、蟠桃は詳細かつリアルに読み取っている。ロシアが採っている戦略は、

格物致知の精神で、とりわけ天文・地理を第一として遠略に努め、諸国と通商し、与《くみ》しやすい国があれば略奪して自分が所有する国とし、遠い島の場合は守備隊を置いてこれを治め、通商の便に供するというものであった

と、深謀遠慮と武力を組み合わせたものであったと言う。「略奪して自分が所有する国とし」「守備隊を置いて（つまり兵を常駐させて）」というふうに、侵略・軍事占領・領土化してきたことを具体的に述べて、警告を発している。そして、「カムチャツカから満州（清の故国）の辺まで服属させて、蝦夷の西北はすべてモスコビヤの地となってしまった」と、ロシアが蝦夷の島々から本州に至る地理を詳しく把握しており、日本の奥地に少しずつ近づいていることをよく自覚すべきであると述べる。蟠桃はロシアのしたたかで着実な東方への進出の足取りに舌を巻いていたのではないだろうか。

ロシア人の来訪について

以上のような歴史を振り返りつつ、蟠桃は日本とロシアとの現今の関係について重要な提言・警告を与えている。まず、

近年、白子浦の幸太夫（大黒屋光太夫のこと）及び仙台の平兵衛（船頭の平兵衛）などが、彼の地に漂流し、日本の風俗を一つ一つ教えたので、いっそう精密な知識となり、ついに日本と通商を行うことを願って、商船で漂流民を日本に送り返すことで喜ばせようとしてい

る。その内心を推し量ることはできないが、言辞を巧みに駆使し、信念を固く持って来ている

いることは確かだろう

と、ロシアが日本の漂流民を救済して日本に関する知識を得、その知識を使って接近を図ろうとしていることに警戒するよう勧告している。その具体的な事例が、ごく最近の使節レザノフの来訪（一八〇四年）で、

彼は、本国より西へ船を出し、アメリカの東岸を南の岬へ回り、南の極の寒帯の海を巡って、またアメリカの西岸にそって北に達し、ついにカムチャツカに帰って、蝦夷の東海から奥州・八丈島の海を通り、さらに薩摩・琉球の間より島原の海を通って長崎に入ったものである。仙台四人の難民もともに、世界の国々を回ってきたのである

と、彼らの来訪が地球一周の長い航海を経ての旅路であったことを蟠桃はよく知っている（三四頁の図参照）。そして、レザノフの来訪は、「先年蝦夷に来て通商を乞うたとき（一七九二年）、長崎に来るならば交渉が行われるはずとの印状をもらったために、今ここに来たものだ」と説明しており、ロシアとの過去の下交渉から言えば無下に断れないことも心得ていた。実際、

この度の来訪にもアメリカを回って、いったんカムチャツカに帰ってから、また日本の東南海に来たのを見れば、彼らは万国三千世界を胸の中で暗記しており、隣の家に通う程度の気安さであろう。我々が湖水に舟を浮かべて怖がっているのとは同日に論じられない。その大胆不敵なことはいかほどのものであろうか。これを見ても、西洋人の知術が逞しいことがわかる

と、レザノフの勇気ある航海を絶賛している。そしてそれ故にロシアの日本進出を恐れていたのは確かであろう。蟠桃は調べるにつれ、日本は容易ならざる国際情勢下にあることを強く認識したのではないだろうか。それはロシアのみに限らない。西洋人の対外進出ぶりに目を移せば、よりいっそう重大な局面を迎えつつあると感じないわけにはいかないと、どんどん西洋列強の動きの探索を進めていくのであった。

西洋人との付き合い方

その結果、西洋の人々の対外進出について、蟠桃が抱いた第一の感想は以下のようなもので、

彼らは天下万国へ出かけて、天文を明らかにし、地理を洞察し、大きな世界の全体を把握しようとしている。忠孝仁義のことはもちろん、格物致知に熱中するが、諸芸・諸術のような無用のことに日を費やすことはない

と西洋人の合理的な勉学ぶりについて述べている。その背景としては、日本や中国などのように何千という漢字を学ぶ必要がなく、

文字はわずかに二十六文字で真・草・行の書体とヨセ字（方字・数字）などを加えても百字ばかりだから、十歳までに国字を学び尽くして知を研ぎ澄ましており、その知術が広いことは当然である

と、覚えるべき文字数が少ないことを、西洋の先進性の理由としている。それとともに、

万国を回り、大きな海の万里を行く途中に、いかなる天変妖怪があっても驚くことがない。また、初めて来た国の人との対話においても、顔色が変わらず、平生と同じである

と、西洋人の胆力と勇気に拍手を送ってはいる。しかし、西洋列強は「外国に目を付け、深く策謀を弄し、珍しい物を奪い、諸国を服属させようとする」と述べ、わざわざ「深く策謀を弄し」「珍しい物を奪い」「諸国を服属させようとする」と付け加え、その恐ろしさを心に留めておくよう、きつい言葉で表現していることに蟠桃の気持ちが表れている。

そして「そのようなことを引き起こせば必ず災いが内部から起こるはず」で、道徳的に劣ったものはいずれ崩壊するのは明らかだから、「外国に我々を侮らせず、侵させないための備えこそ身に付けておきたいものである」と、自分たちの側のしっかりした心構えが必要であると注意を促している。西洋列強の恐ろしさとそれへの対処を強調しているのは、蟠桃がそのような厳しい国際情勢にあることを熟知していたためで、商人としての鋭い嗅覚の持ち主であるからこその警告であると言えよう。

蟠桃は、なおそれでも不足だと思ったのか、

日本の人々は生業に忙しいため、不正のことを成してでも今日の妻子を養うことを優先していて、恥辱を知らない。知らず学ばずのために、鬼神・仏観の輩に欺かれて無用の金を使わされ、それを補うために不正のことを行い、ただ利益のみに走って、ますます文化に

疎くなっている。悲しむべきことである

と、日本人が堕落して日常のことのみに追われ、無知のまま宗教に惑わされ、さらに不正を重ねて金儲け主義になっており、実に嘆かわしい状態であることを憂えている。このような日本人に対してきつく戒めるのだ。そして、日本人が救いがたい状態にあると思うと、だんだん不安感が募ったのか、いっそう強い批判に変わっていき、

我々日本人は字を学ぶのだが国字を知り尽くすことなく、詩歌や茶の湯や謡曲など無用の稽古・諸芸に時間を費やし、忠孝仁義を学んでも身を修めるということをしない。天文・地理などの意味や道理に通じることの重要さを理解しておらず、知を重要なものと思っていそうにない。淫乱・不正があっても恥じることなく、王公・大人と言っても学ぶことが少なく、物の理も知らない。天下万国の大体を知らないまま、ただ日本の風俗など今日の有様が正しいとのみ考え、外国の変事があれば何もわからないまま驚き恐怖するだけで、世を過ごしている。そんな日本人を見るのは誠に悔しいことである

と歯に衣を着せず、突き放すように日本人の現状を厳しく批判する。西洋人への礼賛と比較し

て、日本人へは容赦がないのである。鎖国が長く続いて、それなりに安逸な生活を続けてこられたためか、人々が努力したり苦労したりすることを忘れて堕落しているのではないか、と心配しているのである。

この辺りは、『鎖国論』を読んでの、蟠桃の日本の先行きに対する懸念の表明と受け取れる。と同時に、鎖国を続ける日本がいかなる方向に未来を見出すべきかを考えたのだろう、以下の考察や意見は、それへの彼流の一つの回答である。例えば、レザノフの一件については、蟠桃は以下のように考える。

文化二年（一八〇五年）にモスコビヤの人がおとなしく国に帰って落着した。この時の進退では、（ロシア側の）一介の使いに応対して国に帰し、再び来ることを許さなかった。この結果は信頼し敬服すべきことであり、その勇気は称賛すべきであり、その決定に拍手を送るべきである。今回の良策・奇計を、今日に至るまで貫き通したことは泰山のようである（どっしりと落ち着いていて、動じない様子）。幕府にしっかりした人がいたということだ

と、レザノフを追い返した幕閣の処置を称賛している。日本人の堕落ぶりを悲観しつつも、日本がロシアの軍門に下ることのない、しっかりした人物がまだ指導者に居て、鎖国を貫いたこ

とに満足しているのである。
教訓として蟠桃が書いているのは、
中国や朝鮮などの隣国についてはよく事情をつかんでいても、数万里遠くの世界の実情はよくわからない。しかし、地理・風俗・性情をよく知っておれば、これを恐れることはない
と他国についての情報を得ることの重要性である。そして、
外国を賞美するばかりなのはいかがなものかとは思うが、逆に敵を侮り、自分を誇って負ける者も多くいる。だから、他を称賛して自らを抑え、教戒を示すのがよい
と、冷静に敵を分析し、自らは高慢にならないことを求めている。結局、最も平凡だが最も重要で忘れがちな対処こそ、日本に必要であるということなのだろう。

西洋の属国

実際、もしこのまま何も対処しなければ危険なことになりかねないことを蟠桃は知っていた。西洋諸国が海外の地に出かけ、「領土を切り取って属国とし、そこに代官（管理人）を置いて諸国の通商の便に供している」という冷徹な事実があるからだ。実際、彼は克明に海外の情報を集めており、群雄割拠の世界で領土獲得競争が始まっていることをよく知っていた。彼は西洋の属国となった国や地域を克明に記述しているのだが、これはそうした一覧を見ることで、日本はこうなってはいけないと自らを鼓舞するためではないだろうか。そして、

今、日本の我らが知っていることは、オランダがジャワを切り取って、城を築いているような事柄である。その底意をよく考えねばならない。恐るべきことではないだろうか

と、強い警告を与えている。特に西洋で唯一友好国として門戸を開いていたオランダが、同じアジアの中では傍若無人の振る舞いをしていることをしっかり見ておかねばならないと言う。それが「恐るべきこと」との言葉に凝縮されている。いずれ日本も標的になりかねないからだ。

蟠桃が、さていつまで鎖国が継続できるか、これらの列強が日本に襲い掛かってきたらどうすべきか、それを考えねばならないと思っていたのは確かであろう。

西洋列強が外国を植民地化する方法は、蟠桃流に表現すると、

ヨーロッパ人は奸智に長けている。ヨーロッパ人が「アメリカ」に行き、案内もなく、そこで食糧を求め、人々を駆り集め、荷物を運ばせ、国王を質にして案内者にし、財宝が多い地を探してその地を占領する。皆、その場で知恵を発揮するので、「アメリカ」人は防ぐことができない。すべての西洋人は利益を最重要視し、キリスト教を使うのはその次で自分の命は軽視している

といったものになる。実に正確な描写と言うべきであろう。蟠桃が西洋人のこのような植民地化の手法を知ったのは、志筑が訳した『万国管闚』を通じてのようである。これには、
日本の明応六年、西洋の一四九七年に（実際には一四九九～一五〇二年頃）、イスパニア人のアメリカ（アメリゴ・ヴェスプッチ）という人物が当地に初めて来たためその名がついた。
その後、彼らが開拓したのは南アメリカで、その地には金銀が多く、ヨーロッパ人が進出

し、そこの人間を欺き、あるいは脅かし、または教唆してこの国を奪い、金銀宝貨をヨーロッパに運び出すこと、数知れなかった。このようにして、南北アメリカのすべてをヨーロッパ人が所有するに至った

と記されており、蟠桃は概《おおむ》ね正しく南北アメリカの歴史を把握している。また、「西洋人は、奸智に長けるだけでなく、博覧強記であり、知恵と巧みさにおいては、なかなか我々の及ばないところがある」と、西洋人のしたたかさに注意を払っている。しかし、「武を以て国を治め、大国に侵されなかったのは『イギリス』と我が日本のみで、天下に敵がないということだ」と昔から独立を保ってきたのは自分が知る限りではイギリスと日本だけだと胸を張り、日本が鎖国を続けているのは良策であるとしている。

ただし、このように書きつつも、他の部分の記述と併せて考えれば、本心では西洋列強がやがて日本に襲い掛かって来ることを覚悟しておくようにと言いたかったのではないか、と私は解釈している。それが志筑の『鎖国論』への蟠桃の最終回答と解釈すべきではないだろうか。

日本に挑んでくる列強が増えてくることが予想される時代において、鎖国では持ちこたえられないかもしれない。そのような時代に日本としてとるべき態度はいかにあるべきか、つまり蟠桃は『鎖国論』から先の日本の姿を考え提案しているのだ。彼は文化大国を目指していたと

言ったら言い過ぎだが、「知」を活かすべきと考えていたのは確かである。日本がしっかりした人間の集団となるべきだ、という主張は、彼の書のあちこちで共通して見られるメッセージであるからだ。

あとがき

本書をもって、司馬江漢・志筑忠雄・山片蟠桃の事績を追っての「江戸の宇宙論」探索は一応終了したことになる。実は、この三人の結びつきは、もう二〇年以上前の一九九九年に出した『天文学者の虫眼鏡』(二〇一二年に『中原中也とアインシュタイン』〈祥伝社黄金文庫〉と改題)に書いている。当時、「地球」という普通名詞、そして「地動説」という天文用語を、いつ頃、どのような契機で日本人が使うようになったかを調べていたからだ。これらの言葉が日本に定着したことは、人々の認識が「天円地方」という儒教的常識から、虚空に浮かぶ真ん丸の「地球」という描像となり、不動であるはずの地球が動いているとの動的な宇宙観へと発展したことを意味する。いわば、自然観の革命的転換であったのだが、文化史においても科学史(天文学史)においても取り立てて問題にされてこなかった。私もそれに同調して、右の本ではサワリだけを述べたまま、ずっと忘れていた。

五年ほど前から、この三人の天文・宇宙の分野への寄与を見直そうという気になった。これまでの天文学史ではほとんど触れられていないのを当たり前と思っていたのだが、それは日本のアカデミズムの権威主義に由来する知的好奇心の貧しさの故ではないか、と考えるようになったからだ。おそらく彼ら三人が学者（アカデミアの人間）ではなく、天文学を生業としない人たち――絵師であり、長崎通詞崩れの翻訳家であり、金貸しの番頭――であったことから、彼らの仕事は素人の楽しみ程度にしか史家の目には映らなかったのだろう。しかし、視点を変えて見れば、気軽に「科学（ここでは天文・宇宙）」の分野に「遊び」、そこで見つけた新概念を「愉《たの》しみ」、人々に「知らせたい」と願う、そんな三人の姿が見えてくる。それこそが本物の知の喜びなのではないだろうか。江戸時代にはこれら三人だけでなく、さらに多くの人々が自由に「科学（博物学・蘭学・窮理学）」と触れ合って楽しんでいた。そんなふうに発想を転換して、江戸の「科学」の歴史を見直してみようという気になったのである。

というのは、一九世紀半ば以降、西洋列強と伍《ご》するため国家が学問を管理するようになって、学者や人々も国家公認のアカデミアにしか目が行かなくなってしまったと思い至ったからだ。「科学」（学問）は国家に奉仕するものとなって、むしろ「科学」（学問）を貧しくした。今や、「科学」を神棚の上に供え、人々はその成果に一喜一憂するだけで、「科学」と遊ぶという雰囲気はなくなっているのが実情だろう。その結果として、江戸時代にあったような、お上（政府、権力者）に反発した在野の人間こそが大事な仕事をした、そんな伝統が失われてしまった。そんなことを考えながら、江戸時代の「科学（博物学・蘭学・窮理学）」の歴史を勉強して、蘭学の受容、そして国家の学へと変容していく様を見ながら、再度、天文・宇宙に関する人々の認識の変遷をたどってみたのであった。

　なんとかその成果をまとめたのが、四年前に出した『司馬江漢「江戸のダ・ヴィンチ」の型破り人生』であり、本書である。司馬江漢は実に興趣に富んだ人間であったから書く材料に苦労しなかったのだが、本書に登場した志筑忠雄と山片蟠桃は、いわば横ずれせずに真っ直《ます》ぐに本業を歩んだ人たちだから、取り上げるべきエピソードがあまりない。だから、宇宙論のみに絞ると本にならない。というわけで、蘭学の歴史や長崎通詞と江戸の蘭学者とのズレを書き、また「補論」として志筑と蟠桃の当時の世界に対する認識という、天文・宇宙とは違った相貌も描くことにした。彼らは天文・宇宙のアレコレに想像力を膨らませながらも、やはり「時代の子ども」であり、やがて直面することになるだろう西洋列強との確執について、何がしかの意見を持っていたのだ。夜空を見上げて宇宙の様相を思い描きつつ、一八〇度視点を反転して宇宙から地上を俯瞰したのであった。この「補論」で示した二人の観点は、形を変えつつ開国の時代へと展開していったと言えるのではないだろうか。

　それが、終章に書いたように、江戸時代末期から明治時代に至るまでの「科学」の歴史として、細々と受け継がれていった。その時代は政治の季節であったのだが、新たに生み出された「科学」の火を灯し続けた人々がいたのだ。明治維新後は「科学技術」という言葉で、主として西洋の先進技術の吸収に終始したのだが、その直前までは「窮理学」として「科学的精神」はつながっていたのである。蘭学が隆盛だった時期とは異なり、日本人が培った「科学」の成果を鍛え上げたのだ。今後、その過程も追いかけてみたいと思っている。つまり、三人の宇宙論への寄与は蘭学の時代の最後の徒花ではなく、その精神は辛うじて生き続け、明治の科学技術政策につながったのではないかと考えているのだ。

それとは別個に、「江戸の好奇心」というような観点で、江戸時代に芽生えた幅広い「科学」の萌芽を追ってみたい気もしている。三人の事績をたどるうちに、江戸時代の「科学の片鱗《へんりん》」にさらに魅せられることになったからだ。江戸時代に生きた人々は、好奇心旺盛で、役に立たないことに夢中になり、下らないものに大いなる興味を覚え、その文化的所産や人々の生き方は、雅と俗、洒落《しやれ》と機知、信心と遊楽、野暮と風流、諧謔《かいぎやく》と即妙、趣味と道楽、舶来と在来など、実にさまざまな形容に溢れている。その江戸の人々の「好奇心の強さ」と、好奇心に駆動されて臆面もなく挑戦していく「無鉄砲さ」に強く惹かれているのだ。

本書に登場した人々も、それなりに同じ雰囲気をまとって時代を生き抜いた。もっと馬鹿馬鹿しく、もっと無意味そうに見えるが、しかし、それぞれに熱中して手作りの文化に結実させたというものが他にもたくさんあることに気が付く。例えば、「江戸の和算（数学）」は、武士のみならず農民や町民も夢中になって難問に挑み、正解を導き出した暁には絵馬を奉納して世間に誇った。また、各地を放浪して数学を教えて生業とした「和算家」も登場した。何の役にも立たない数学の法則が人々の大いなる楽しみであったのだ。さまざまな植物や動物や鉱物を蒐集する楽しみに没頭した博物学の拡がりも同様である。狂歌や川柳や黄表紙や洒落本など文学に関わる分野は数多く研究されているが、「科学」に関わる領域はまだ十分調べられていないようである。そこで、「科学」の分野で江戸の人々が夢中になったテーマを取り上げ、「江戸の好奇心」としてまとめてみたいとも思っている。

とまあ、年甲斐《としがい》もなく江戸の文化について挑戦してみたい課題を挙げてみた。この五年間、二冊の本をまとめる苦労をしながら、目標さえしっかり見定めておけば何とかなるものだとの自信がついたためだ。さて、次の仕事が結実していつの日か読者にお目にかかれるのか、それとも音沙汰無しのまま姿を消してしまうのか、先行きはわからないが、新しいことを思いついて挑戦できることに感謝している。

本書を読みやすく、また首尾一貫した記述となるよう、数多くの示唆・助言をしてくださった集英社新書編集部の石戸谷奎氏に厚くお礼を申し上げたい。

参考文献一覧

蘭学・洋学史関係

『新撰　洋学年表』大槻如電著、柏林社書店、一九六三年（再版）
『長崎洋学史　上巻、下巻、続編』古賀十二郎著、長崎文献社、一九六六～一九六八年
『九州の蘭学』W・ミヒェル、鳥井裕美子、川嶌眞人共編、思文閣出版、二〇〇九年
『文明源流叢書　第一』国書刊行会編、名著刊行会、一九六九年
『司馬江漢全集　一～四』朝倉治彦他編、八坂書房、一九九二～一九九四年
『新井白石の洋学と海外知識』宮崎道生著、吉川弘文館、一九七三年
『前野良沢』鳥井裕美子著、大分県教育委員会、二〇一三年
『帆足万里』帆足図南次著、吉川弘文館、一九九〇年（新装版）
『日本思想大系64　洋学　上』沼田次郎、松村明、佐藤昌介校注、岩波書店、一九七六年
『日本思想大系65　洋学　下』広瀬秀雄、中山茂、小川鼎三校注、岩波書店、一九七二年
『幕末洋学史』沼田次郎著、刀江文庫、一九五二年（再版）
『洋学伝来の歴史』沼田次郎著、至文堂、一九六〇年
『洋学』沼田次郎著、吉川弘文館、一九八九年
『洋学史研究序説』佐藤昌介著、岩波書店、一九六四年
『洋学思想史論』高橋磌一著、新日本出版社、一九七二年
『日本近世思想の研究』藤原暹著、法律文化社、一九七一年

『日本思想大系35　新井白石』松村明、尾藤正英、加藤周一校注、岩波書店、一九七五年
『日本思想大系41　三浦梅園』島田虔次、田口正治校注、岩波書店、一九八二年
『一八世紀日本の文化状況と国際環境』笠谷和比古編、思文閣出版、二〇一一年
『天文学者たちの江戸時代』嘉数次人著、ちくま新書、二〇一六年
『蘭学の時代』赤木昭夫著、中公新書、一九八〇年
『長崎・東西文化交渉史の舞台　ポルトガル時代　オランダ時代』若木太一編、勉誠出版、二〇一三年
『江戸洋学事情』杉本つとむ著、八坂書房、一九九〇年

志筑忠雄関係

『日本哲学思想全書6　自然篇』三枝博音編、平凡社、一九八〇年（第二版）
『蘭学事始』杉田玄白著、片桐一男訳注、講談社学術文庫、二〇〇〇年
『解体新書』杉田玄白著、酒井シヅ訳、講談社学術文庫、一九九八年（新装版）
『大槻玄沢の研究』洋学史研究会編、思文閣出版、一九九一年
『長崎通詞』杉本つとむ著、開拓社、一九八一年
『阿蘭陀通詞の研究』片桐一男著、吉川弘文館、一九八五年
『阿蘭陀通詞』片桐一男著、講談社学術文庫、二〇二一年
『江戸の翻訳家たち』杉本つとむ著、早稲田大学出版部、一九九五年
『蘭学のフロンティア　志筑忠雄の世界』志筑忠雄没後200年記念国際シンポジウム報告書、長崎文献社、二〇〇七年

『長崎蘭学の巨人』松尾龍之介著、弦書房、二〇〇七年
『朝鮮科学史における近世』任正爀著、思文閣出版、二〇一一年
『「鎖国」という言説』大島明秀著、ミネルヴァ書房、二〇〇九年
『文明源流叢書　第二』国書刊行会編、名著刊行会、一九六九年
『文明源流叢書　第三』国書刊行会編、名著刊行会、一九六九年
『阿蘭陀通詞志筑氏事略』渡辺庫輔著、長崎学会、一九五七年
『崎陽論攷』渡辺庫輔著、親和銀行済美会、一九六四年
『鎖国論』志筑忠雄訳、杉本つとむ校註・解説、八坂書房、二〇一五年
『鎖国の思想』小堀桂一郎著、中公新書、一九七四年
『鎖国と開国』山口啓二著、岩波書店、一九九三年
『「鎖国」を見直す』荒野泰典著、岩波現代文庫、二〇一九年
『ケンペルのみた日本』ヨーゼフ・クライナー編、NHKブックス、一九九六年
『宇宙をうたう』海部宣男著、中公新書、一九九九年
『日本の天文学』中山茂著、岩波新書、一九七二年

山片蟠桃関係

『山片蟠桃』宮内徳雄著、創元社、一九八四年
『山片蟠桃と升屋』有坂隆道著、創元社、一九九三年
『山片蟠桃と大阪の洋学』有坂隆道著、創元社、二〇〇五年

『蟠桃の夢』木村剛久著、トランスビュー、二〇一三年
『山片蟠桃』亀田次郎著、全国書房、一九四三年
『山片蟠桃の研究　著作篇』末中哲夫著、清文堂出版、一九七六年
『山片蟠桃の研究「夢之代」篇』末中哲夫著、清文堂出版、一九七一年
『懐徳堂』大阪市立博物館第１０３回特別展図録、一九八六年
『懐徳堂の至宝』湯浅邦弘著、大阪大学出版会、二〇一六年
『懐徳堂事典』湯浅邦弘編著、大阪大学出版会、二〇〇一年
『松平定信』藤田覚著、中公新書、一九九三年
『文明開化は長崎から　上、下』広瀬隆著、集英社、二〇一四年
『日本思想大系43　富永仲基　山片蟠桃』水田紀久、有坂隆道校注、岩波書店、一九七三年
『日本洋学史の研究Ⅵ』有坂隆道編、創元社、一九八二年
『日本の名著23　山片蟠桃　海保青陵』源了圓編、中央公論社、一九八四年
『日本思想大系44　本多利明　海保青陵』塚谷晃弘、蔵並省自校注、岩波書店、一九七〇年
『日本哲学思想全書５　唯物論篇』三枝博音編、平凡社、一九八〇年（第二版）

時代背景をなす人々とその代表作

新井白石（一六五七～一七二五）
一七一三年『采覧異言』
一七一五年『西洋紀聞』

青木昆陽（一六九八～一七六九）
一七三五年『蕃諸考』
一七四九年『和蘭文訳』（第一集）

三浦梅園（一七二三～一七八九）
一七七五年『玄語』
一七七八年『帰山録』

前野良沢（一七二三～一八〇三）
一七七七年『管蠡秘言』
一七八五年『和蘭訳筌』
一七九三年『魯西亜本紀略』

吉雄耕牛（一七二四～一八〇〇）
一七七三年『解体新書』序文

平賀源内
（一七二八〜一七七九）
一七六三年『物類品隲』
一七七一年 日本最初の洋風画「西洋婦人図」を描く
一七七六年 エレキテルの修理・復元

杉田玄白
（一七三三〜一八一七）
一七七四年『解体新書』
一八一五年『蘭学事始』

本木良永
（一七三五〜一七九四）
一七七四年『天地二球用法』
一七九二〜
一七九三年『太陽窮理了解説』

司馬江漢
（一七四七〜一八一八）
一七八三年 日本最初のエッチング（腐蝕銅版画）創製
一七九六年『和蘭天説』
一八〇九年『刻白爾天文図解』
一八一一年『春波楼筆記』

大槻玄沢
（一七五七〜一八二七）
一七八六年『六物新志』
一七八八年『蘭学階梯』
一八一一年 蕃書和解御用に任ぜられる
一八一六年『蘭訳梯航』

志筑忠雄（一七六〇～一八〇六）

一七六〇年　長崎の中野家に生まれる
一七七六年　志筑家の養子となって八代目を相続し、忠次郎の名で稽古通詞となる
一七七七年　「病身罷成候ニ付、御暇奉願」で退役以後、蘭書の翻訳・研究に没頭
一七八二年　『万国管闚』
一七八四年　『求力法論』
一七八五年　『鈎股新編』
一七九三年　「混沌分判図説」（『暦象新書』下編巻之下に付加）

山片蟠桃（一七四八～一八二一）

一七四八年　播磨国印南郡神爪村で長谷川家に生まれる
一七六〇年　升屋別家の伯父久兵衛の養子となって升屋本家に丁稚奉公に出る
一七六四年　「久兵衛」を名乗る
一七七二年　升屋四代目重芳（九歳）の下で「七郎左衛門」と改名
一七八三年　差し米の妙計

志筑忠雄（一七六〇～一八〇六）

一七九五年　『魯西亜来歴』
一七九八年　『暦象新書』上編
一八〇〇年　『暦象新書』中編
一八〇一年　『鎖国論』
一八〇二年　『暦象新書』下編
一八〇三年　『三角提要秘算』『日蝕絵算』、本姓の中野に戻る
一八〇六年　『二国会盟録』
　　　　　　七月八日死去

山片蟠桃（一七四八～一八二一）

一七九六年　『金銀歴史』をまとめる
一八〇〇年　弟与兵衛が江戸で没する
一八〇二～　『宰我の償い』を執筆し、
一八〇三年　（蟠桃　偸言子述）と記載
一八〇四年　『宰我の償い』を『夢の代』に改題して書き続ける
　　　　　　「小右衛門」と改名
一八〇五年　升屋より親類並みに取り立てられ、
　　　　　　山片芳秀と称する
　　　　　　この頃、『草稿抄』をまとめる
一八〇八年　米札（升屋札）の妙計
一八一三年　失明同然となる
一八一五年　『草稿抄』の最終編集
一八二〇年　『夢の代』完成
一八二一年　二月二八日大坂で没する

池内 了（いけうち さとる）

一九四四年兵庫県生まれ。京都大学理学部物理学科卒業。同大学院理学研究科物理学専攻博士課程修了。博士（理学）。名古屋大学名誉教授、総合研究大学院大学名誉教授。『科学の考え方・学び方』で講談社出版文化賞科学出版賞（現・講談社科学出版賞）受賞。著書は『物理学と神』『宇宙論と神』『科学の限界』『科学者と戦争』『科学者と軍事研究』『司馬江漢』『科学者は、なぜ軍事研究に手を染めてはいけないか』など多数。

江《え》戸《ど》の宇《う》宙《ちゅう》論《ろん》

集英社新書一一〇六D

二〇二二年三月二二日 第一刷発行

著者……池内《いけうち》 了《さとる》
発行者……樋口尚也
発行所……株式会社集英社
東京都千代田区一ツ橋二-五-一〇 郵便番号一〇一-八〇五〇
電話 〇三-三二三〇-六三九一（編集部）
〇三-三二三〇-六〇八〇（読者係）
〇三-三二三〇-六三九三（販売部）書店専用

装幀……原 研哉
印刷所……凸版印刷株式会社
製本所……加藤製本株式会社

定価はカバーに表示してあります。

ISBN 978-4-08-721206-8 C0221
Printed in Japan

a pilot of wisdom